Karsten Müller

Bewertung von Verfahren zur Gewinnung von Industriechemikalien aus CO_2

Karsten Müller

Bewertung von Verfahren zur Gewinnung von Industriechemikalien aus CO$_2$

Südwestdeutscher Verlag für Hochschulschriften

Impressum / Imprint

Bibliografische Information der Deutschen Nationalbibliothek: Die Deutsche Nationalbibliothek verzeichnet diese Publikation in der Deutschen Nationalbibliografie; detaillierte bibliografische Daten sind im Internet über http://dnb.d-nb.de abrufbar.

Alle in diesem Buch genannten Marken und Produktnamen unterliegen warenzeichen-, marken- oder patentrechtlichem Schutz bzw. sind Warenzeichen oder eingetragene Warenzeichen der jeweiligen Inhaber. Die Wiedergabe von Marken, Produktnamen, Gebrauchsnamen, Handelsnamen, Warenbezeichnungen u.s.w. in diesem Werk berechtigt auch ohne besondere Kennzeichnung nicht zu der Annahme, dass solche Namen im Sinne der Warenzeichen- und Markenschutzgesetzgebung als frei zu betrachten wären und daher von jedermann benutzt werden dürften.

Bibliographic information published by the Deutsche Nationalbibliothek: The Deutsche Nationalbibliothek lists this publication in the Deutsche Nationalbibliografie; detailed bibliographic data are available in the Internet at http://dnb.d-nb.de.

Any brand names and product names mentioned in this book are subject to trademark, brand or patent protection and are trademarks or registered trademarks of their respective holders. The use of brand names, product names, common names, trade names, product descriptions etc. even without a particular marking in this works is in no way to be construed to mean that such names may be regarded as unrestricted in respect of trademark and brand protection legislation and could thus be used by anyone.

Coverbild / Cover image: www.ingimage.com

Verlag / Publisher:
Südwestdeutscher Verlag für Hochschulschriften
ist ein Imprint der / is a trademark of
AV Akademikerverlag GmbH & Co. KG
Heinrich-Böcking-Str. 6-8, 66121 Saarbrücken, Deutschland / Germany
Email: info@svh-verlag.de

Herstellung: siehe letzte Seite /
Printed at: see last page
ISBN: 978-3-8381-3388-1

Zugl. / Approved by: Erlangen, FAU, Diss., 2013

Copyright © 2013 AV Akademikerverlag GmbH & Co. KG
Alle Rechte vorbehalten. / All rights reserved. Saarbrücken 2013

Danksagung

Ganz besonders danken möchte ich meinem Doktorvater Professor Wolfgang Arlt zunächst dafür mich als „Außenstehenden" als Doktorand angenommen zu haben und für das spannende Thema, das er mir zur Bearbeitung gegeben hat. Darüber hinaus aber auch für die Möglichkeiten zur eigenen Wahl der Ausrichtung der Arbeit und zur Bearbeitung selbstgewählter Forschungsgebieten neben meinem Hauptthema. Das hat mich sehr wachsen lassen. Auch für das Vertrauen, das er mit der Überlassung meiner neuen Aufgabe im Gebiet der Energieforschung entgegengebracht hat, möchte mich herzlich bedanken.

Ebenfalls bedanken möchte ich mich bei Professor Axel König für die Bereitschaft den Vorsitz meiner Prüfungskommission zu übernehmen und bei Professor Malte Kaspereit dafür als Vorsitzender einzuspringen. Gleichfalls gehört mein Dank Professor Jürgen Karl für die Erstellung des Zweitgutachtens und Professor Jürgen Schatz für die Bereitschaft als externer Prüfer an meiner Prüfung teilzunehmen.

Einer ganzen Reihe von Personen schulde ich Dank für viel Unterstützung, die ich während meiner Zeit als Doktorand erfahren habe. Insbesondere Dr. Liudmila Mokrushina habe ich enorm viel zu verdanken, die mich ahnungslosen Katalytiker in die Welt der chemischen Thermodynamik eingeführt hat und ohne die ich niemals in so kurzer Zeit mein Thema hätte bearbeiten können.

Aber auch all den anderen Mitarbeitern des Lehrstuhls für Thermische Verfahrenstechnik möchte ich meinen herzlichen Dank aussprechen für wertvolle Diskussionen und Anregungen, ebenso wie für die gute Zeit. Namentlich nennen möchte ich nur Alexander Buchele, Johannes Völkl und Andreas Frey nennen, denn wenn ich allen namentlich danken wollte, denen Dank gebührt müsste ich die Mitarbeiterliste des Lehrstuhl abtippen.

Nicht vergessen seien auch all die Studenten, die meine Arbeit durch ihre Bachelor- und Diplomarbeiten bereichert haben, nämlich Joachim Horlamus, Andreas Hemeter, Sebastian Schug, Florian Fabisch, Julian Schuster, Christoph Peter, Richard Brehmer, Andrea Baumgärtner, Jonathan Baumeister und Katheesan Lingeswaran.

Auch außerhalb der Universität Erlangen-Nürnberg gab es Menschen, die mir bei meiner Arbeit wertvolle Unterstützung waren. Dies betrifft vor allem die Mitarbeiter der Projektpartner bei Evonik und den anderen beteiligten Forschungseinrichtungen.

Zu guter Letzt möchte ich meiner ganzen Familie danken für alles Vertrauen und all die gute Unterstützung, die ich nicht erst während meiner Promotionzeit erfahren durfte.

Kurzfassung

Im Rahmen der vorliegenden Arbeit wurden Reaktionen und Prozesse zur stofflichen Nutzung von Kohlenstoffdioxid unter thermodynamischen Gesichtspunkten untersucht. Ein Großteil der CO_2-Nutzungsreaktionen ist durch das Reaktionsgleichgewicht limitiert. Der erste Schritt ist daher die thermodynamische Untersuchung verschiedener Reaktionen bezüglich ihrer Gleichgewichtslage. Die Reaktionen wurden dabei nach Reaktionsklassen geordnet und allgemeine Aussagen über deren Limitierung durch das thermodynamische Gleichgewicht abgeleitet.

Um die Netto-CO_2-Emissionen zu minimieren, muss der Energiebedarf des Verfahrens möglichst klein gehalten werden. Bei geringen Umsätzen ist eine aufwendige Abtrennung des Produkts von den nicht umgesetzten Edukten nötig. Daher wurden Regeln entwickelt, die es erlauben, Reaktionen bei denen nur geringe Umsätze erreichbar sind, in einem Screening ohne experimentelle Untersuchungen auszusortieren. Dadurch können unnötige Forschungsarbeiten an, aus thermodynamischen Gründen nicht sinnvoll realisierbaren, Reaktionen, vermieden werden.

Die CO_2-Bilanz der entsprechenden Verfahren wird wesentlich durch die eingesetzten Co-Edukte beeinflusst. Deshalb wurden Kriterien entwickelt, um die CO_2-Rucksäcke verschiedener Reaktanden schnell abschätzen und vergleichen zu können.

Da bei vielen CO_2-Nutzungsreaktionen der Einsatz von größeren Mengen an Wasserstoff nötig ist, wurde die Möglichkeit der Herstellung von Wasserstoff aus Biomasse bei milden Reaktionsbedingungen untersucht. Es konnte dabei gezeigt werden, dass bei geeigneter Wahl der Reaktionsbedingungen auch bei niedrigen Temperaturen ein vollständiger Umsatz thermodynamisch erreicht werden kann und somit eine entsprechende Wasserstofferzeugung aus regenerativen Rohstoffen möglich ist.

Des Weiteren wurden im Rahmen dieser Arbeit Methoden untersucht und validiert, um Stoffdaten der beteiligten Stoffe abzuschätzen. Eine Gruppenbeitragsmethode zur Abschätzung des Dipolmoments unbekannter Stoffe wurde dabei entwickelt. Die Kenntnis des Dipolmoments ist unter anderem für die Beschreibung des Mehrstoffverhaltens wichtig. Dadurch kann die Genauigkeit der Prozesssimulationen erhöht und eine genauere Abschätzung des Energiebedarfs und der damit verbundenen CO_2-Emissionen durchgeführt werden.

Abstract

Reactions and processes for the utilization of carbon dioxide to produce chemical products have been evaluated from a thermodynamic point of view in this thesis. The majority of the CO_2 utilization reactions are limited by the reactions equilibrium. The first step therefore was a thermodynamic evaluation of different reactions concerning the equilibrium position. The reactions have been classified by types of reactions and general conclusions regarding the limitation by the thermodynamic equilibrium have been derived.

To minimize the net-CO_2-emissions the energy demand of the respective processes should be reduced to the minimum. A demanding separation of the product from the non-converted reactants is necessary, if only small conversions can be reached. Thus, generalized rules have been developed, that allow identifying reactions with small equilibrium yields in a quick screening without any experimental effort. Unnecessary and time consuming research on reactions that cannot be realized in a meaningful manner due to thermodynamic reasons can be avoided using the developed rules.

The carbon footprint of the total processes is strongly influenced by the carbon footprints of the used Co-reactants. Therefore, criteria have been developed, to estimate and compare the carbon footprints of different reactants that are used in the process alternatives under consideration.

Since the employment of significant amounts of hydrogen is required in many CO_2 utilization reactions, the possibility of producing hydrogen from biomass at mild conditions has been evaluated. It could be shown, that total conversion of the biomass is not limited by the reactions equilibrium even at low temperatures, if appropriate reaction conditions are applied. Therefore, the production of hydrogen from this renewable resource is possible in terms of thermodynamics.

Furthermore, methods for the prediction of unknown substance data have been established and validated in the course of this thesis. A second-order group contribution method for the estimation of the dipole moment of new substances has been derived from this research. The knowledge of the dipole moment is important for the description of the multi component behavior. Using this information the accuracy of the process simulations can be increased and a more appropriate estimation of the energy demand of the process and the related carbon dioxide emissions is possible.

Inhaltsverzeichnis

Danksagung 1

Kurzfassung 3

Abstract 5

Inhaltsverzeichnis 7

Abkürzungsverzeichnis 11

1   Einleitung 15

2   Stand der Technik 19

   2.1 CO_2-Fixierung 19

      2.1.1 CO_2-Speicherung 19

      2.1.2   Stoffliche Nutzung von CO_2 21

      2.1.3   Nicht-Stoffliche Nutzung von CO_2 23

   2.2 CO_2-Rucksäcke von Stoffen 24

   2.3   Einteilung von CO_2-Nutzungsreaktionen 27

   2.4   Eingeführte Bewertungskriterien 29

   2.5   Exergie 33

3   Modellierung 36

   3.1   Chemisches Gleichgewicht 36

      3.1.1   Gleichgewichtskonstante 36

      3.1.2   Reaktionsgleichgewicht in einphasigen Systemen 39

      3.1.3   Reaktionsgleichgewicht mit überlagertem Phasengleichgewicht 41

   3.2   Beschreibung von Nicht-Idealitäten 44

      3.2.1   Fugazitätskoeffizienten 45

      3.2.2   Aktivitätskoeffizienten 48

- 3.2.3 Poynting-Faktor 50
- 3.3 Ermittlung von Reinstoffdaten 51
  - 3.3.1 Bestimmung kalorischer Größen 52
    - 3.3.1.1 Experimentelle Bestimmung 52
    - 3.3.1.2 Gruppenbeitragsmethoden 54
    - 3.3.1.3 Quantenchemische Abschätzung von Stoffdaten 56
  - 3.3.2 Bestimmung des Dipolmoments 58
  - 3.3.3 Bestimmung weiterer Stoffdaten 58
- 3.4 Bewertung der Vorhersagequalität von Abschätzmethoden 61

4 Entwickelte Vorhersagemethode für das Dipolmoment 63
- 4.1 Datenbasis und Kontrollgruppe 63
- 4.2 Die Methode 65
- 4.3 Vorhersagequalität und Vergleich mit anderen Methoden 69

5 Gleichgewichtslagen potentieller CO_2-Nutzungsreaktionen 73
- 5.1 Herstellung von Kohlenwasserstoffen 74
- 5.2 Carboxylierungsreaktionen 77
  - 5.2.1 Herstellung von Acryl- und Methacrylsäure 78
  - 5.2.2 Weitere Carboxylierungsreaktionen 82
- 5.3 Herstellung cyclischer Carbonate 85
  - 5.3.1 Cyclische Carbonate aus Epoxiden und CO_2 85
  - 5.3.2 Cyclische Carbonate aus Diolen und CO_2 87
- 5.4 Herstellung von Kohlensäurediestern 90
- 5.5 Formylierung von Aminen 92
- 5.6 Herstellung von Aldehyden und Alkoholen 94

5.7	Telomerisation mit CO_2	98
5.8	Einbau des Kohlenstoffs unter vollständiger Sauerstoffabspaltung	100
5.9	Reaktionen ohne Einbau des Kohlenstoffatoms	102
5.9.1	CO_2 als Oxidationsmittel mit Einbau des Sauerstoffs	102
5.9.2	Oxidative Dehydrierung mit CO_2 als Oxidationsmittel	104
5.10	Überblick: Stoffliche Nutzung und Reaktionsgleichgewicht	107
6	Ausbeuteerhöhung bei der oxidativen Dehydrierung	109
6.1	Entfernung von Produkten durch physikalische Effekte	109
6.2	Gezielte Nutzung von Nebenreaktionen	111
7	Bereitstellung von Wasserstoff aus Biomasse	116
7.1	Stoffdaten der Modellkomponenten	117
7.2	Gleichgewichtslage der Wasserstoffbildung aus Biomasse	121
8	Bewertung von CO_2-Nutzungsreaktionen	126
8.1	Vorabeinschätzung von Gleichgewichtslagen	126
8.2	Vorabeinschätzung der Effektivität	130
8.2.1	Gebundene CO_2-Menge	130
8.2.2	Bereitstellung der Co-Reaktanden	133
8.2.2.1	Wasserstoffäquivalentwerte	133
8.2.2.2	Chemische Exergie der Edukte	134
8.2.3	Simultane Betrachtung verschiedener Faktoren	138
8.2.3.1	Reaktionsenthalpie und -temperatur	138
8.2.3.2	Thermodynamische Triebkraft und Trennaufwand	142
8.3	Auswahl der Prozessparameter	148
8.4	Prozesssimulation für ein Beispielverfahren	151

9 Abschließende Diskussion	159
10 Zusammenfassung und Ausblick	164
Literaturverzeichnis	167
Abbildungsverzeichnis	184
Tabellenverzeichnis	187
A Anhang	189
A.1 Reinstoffdaten wichtiger Stoffe	189
A.2 Daten für die Anpassung der Parameter in Kapitel 4	211
A.3 Gleichungssysteme zur Berechnung von Gleichgewichtslagen	220
A.4 Einstellungen in der verwendeten Software	223
A.5 Fließbilder der Prozesssimulationen	224

Abkürzungsverzeichnis

Symbol	Bedeutung	Einheit
Lateinische Buchstaben:		
a	Aktivität	-
a	Parameter in Gleichung 4-1	$D\ cm^{1,326}\ mol^{-0,133}\ J^{-0,309}$
a	Parameter in der Redlich-Kwong-Gleichung	$N\ m^4\ K^{0,5}\ mol^{-2}$
AAE	mittlerer Absolutfehler	*variabel*
AAPE	mittlerer, absoluter Relativfehler	%
b	Parameter in Gleichung 4-1	-
b	Parameter in der Redlich-Kwong-Gleichung	$m^3\ mol^{-1}$
B	Zweiter Virialkoeffizient	$m^3\ mol^{-1}$
c	molare Wärmekapazität	$kJ\ mol^{-1}$
c	Parameter in Gleichung 4-1	-
E	Energie	J
eMQ	Co-eduktbasierter Massenquotient	-
Ex	Exergie	$kJ\ mol^{-1}$
f	Fugazität	-
g	Freie, molare Enthalpie	$kJ\ mol^{-1}$
h	molare Enthalpie	$kJ\ mol^{-1}$
K	Gleichgewichtskonstante	-
m	Masse	kg
M	molare Masse	$g\ mol^{-1}$
n	Stoffmenge	mol
n	Kettenlänge	-
N	Anzahl	-
P	Druck	bar
pMQ	produktbasierter Massenquotient	-
Q	Wärmemenge	J
R	allgemeine Gaskonstante (8,314472 $J\ mol^{-1}\ K^{-1}$)	$J\ mol^{-1}\ K^{-1}$
RMSD	Wurzel des mittleren quadratischen Fehlers	*variabel*

s	molare Entropie	J mol^{-1} K^{-1}
S	Selektivität	-
T	Temperatur	K
v	molares Volumen	cm^3 mol^{-1}
WAE	Wasserstoffäquivalent	-
WEx	Wasserstoffbezogener Exergiewert	-
X	nicht näher spezifizierte Größe in Gleichung 3-38 bis 3-40	-
x	Molenbruch einer Komponente in der Flüssigphase	-
y	Molenbruch einer Komponente in der Gasphase	-
Y	Ausbeute	-
z	Molenbruch einer Komponente im Gesamtsystem	-
z	Kompressibilitätsfaktor	-

Griechische Buchstaben:

Δ	Differenz	-
δ	kohäsive Energiedichte	J cm^{-3}
γ	Aktivitätskoeffizient	-
ε	molarer Flüssigphasenanteil	-
η	Wirkungsgrad	-
λ	Reaktionslaufzahl	-
μ	chemisches Potential	kJ mol^{-1}
μ	Dipolmoment	D
ν	stöchiometrischer Koeffizient	-
Π_0	Poynting-Faktor	-
φ	Fugazitätskoeffizient	-

Untere Indizes

C	Carnot
chem	chemisch
elec	elektronisch
i	Gruppe i
i	Komponente i
j	Komponente j
j	Reaktion j
k	kritisch
m	Phasenwechsel m
n	Phase n
mix	Mischungsgröße
P	konstanter Druck
Q	Wärmestrom
R	Reaktion
Sied	am Normalsiedepunkt
U	Umgebung
0	Reinstoff

Obere Indizes

E	Exzessgröße
F	Bildungsgröße
IG	Ideale Gasphase
L	in der Flüssigphase
LS	auf der Schmelzlinie
LV	auf der Siedelinie
M	am Schmelzpunkt
R	Reaktionsgröße
S	in der Festphase
V	in der Dampfphase

+ Standardbedingungen

Abkürzungen

CCS	carbon capture and storage
CCU	carbon capture and utilization
DMC	Dimethylcarbonat
DPC	Diphenylcarbonat
EC	Ethylencarbonat
EOR	enhanced oil recovery
GWP	Global warming potential
MMA	Methacrylsäuremethylester
NRTL	Non-Random-Two-Liquid-Modell
PC	Propylencarbonat
PG	Propylenglycol
PO	Propylenoxid
tC	Tonne Kohlenstoff (Maß für die fixierte CO_2-Menge)

1 Einleitung

Kohlenstoffdioxid (CO_2) stellt zusammen mit Wasser die infolge natürlicher und technischer Prozesse meist gebildete chemische Verbindung dar. Angesichts dieser Tatsache ist die Verwendung von CO_2 als Ausgangsstoff für chemische Synthesen äußerst interessant. Zwei wesentliche Argumente sprechen für die stoffliche Nutzung von CO_2.

Die chemische Industrie ist in weiten Teilen auf fossile Rohstoffe als Kohlenstoffquelle für Synthesen angewiesen. Deren Verfügbarkeit nimmt jedoch ab, während die Preise gleichzeitig stark ansteigen. CO_2 stellt einen äußerst billigen C_1-Baustein dar, der in großen Mengen verfügbar ist. Für eine zweckmäßige Nutzung von CO_2 ist zwar das Vorhandensein konzentrierter CO_2-Ströme nötig, da eine Abtrennung aus der Luft nur eingeschränkt sinnvoll ist. Durch Biogasanlagen und andere chemische Einrichtung werden diese aber auch in einer zukünftigen, vollständig auf erneuerbaren Energien basierenden Infrastruktur in ausreichendem Maße zur Verfügung stehen. Wegen des Emissionsrechtehandels kann für CO_2 teilweise sogar mit negativen Preisen gerechnet werden, da die Kosten für die Abtrennung aus Rauch- oder Biogasströmen vielfach unter dem Preis des entsprechenden CO_2-Zertifikats liegen.

Zum anderen ist CO_2 ein klimaschädliches Gas das in erheblichem Maße zum anthropogenen Treibhauseffekt beiträgt. In den letzten Jahrzehnten ist die durchschnittliche Temperatur auf der Erde deutlich angestiegen (Abbildung 1-1). Dieser Effekt wird erheblich den anthropogenen Emissionen von Klimagasen wie CO_2 zugeschrieben. Da ein weiterer Anstieg der Durchschnittstemperatur auf der Erde beträchtliche unerwünschte Folgen hätte, sollte die weitere Freisetzung von Klimagasen wie CO_2 vermieden oder zumindest reduziert werden. Dazu müsste zunächst die Erzeugung von CO_2 reduziert werden. Es ist jedoch fraglich ob dies tatsächlich gelingt. Zum einen ist unklar, ob der politische und wirtschaftliche Wille hierzu vorhanden ist. Zum anderen würde die Freisetzung nur verzögert werden, da der Verbrauch der fossilen Ressourcen dadurch lediglich in die Zukunft verlegt wird. Ein vollständiger oder zumindest weitgehender Verbrauch und damit die vollständige Umsetzung zu CO_2 wird dadurch langfristig nicht verhindert.

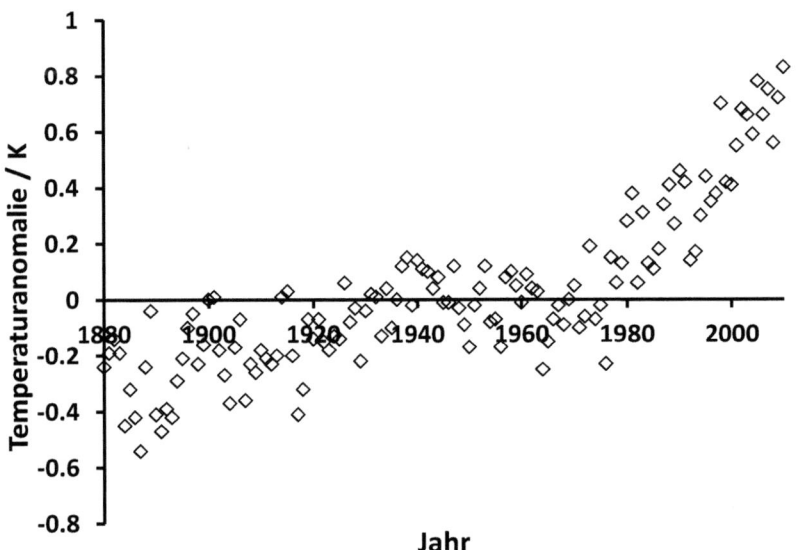

Abbildung 1-1: Abweichung der Jahresdurchschnittstemperatur vom Mittelwert der Jahre 1951-1980 [1]

Um die CO_2-Freisetzung zu vermeiden bietet sich daher die Fixierung zumindest als Ergänzung zur Emissionsvermeidung an. Dazu kann CO_2 entweder gespeichert oder, wie in dieser Arbeit untersucht, stofflich genutzt werden. Bei der stofflichen Nutzung wird ein hochwertiges Produkt aus CO_2 und seinen Co-Reaktanden gewonnen, während bei der reinen Speicherung lediglich Kosten entstehen. Anstelle bloßer Kostengenerierung kann daher bei der stofflichen Nutzung eine Wertschöpfung treten. Stoffliche Nutzung ist daher ökonomisch grundsätzlich vorzuziehen.

Ziel eines jeden CO_2-Fixierungsprozesses muss prinzipiell die Erreichung einer negativen CO_2-Bilanz sein. Das heißt, die verbrauchte CO_2-Menge muss die infolge des Prozesses freigesetzte Menge deutlich übersteigen. Berücksichtigt man die CO_2-Rucksäcke der Co-Reaktanden, also die bei ihrer Herstellung freigesetzte CO_2-Menge, so ist eine negative CO_2-Bilanz bei der stofflichen Nutzung nicht realistisch. Wird der jeweilige Prozess jedoch nicht isoliert betrachtet, sondern auch der konventionelle Prozess zur Herstellung des gebildeten Produktes berücksichtigt, so können die neuen Prozesse durchaus sinnvoll sein. Ziel ist dann nicht mehr eine negative CO_2-Bilanz, sondern eine Verringerung der Netto-CO_2-Emissionen gegenüber dem Benchmark-Prozess. Der Beitrag der stofflichen Nutzung von CO_2 besteht folglich nicht in der Fixierung im engeren Sinne, sondern in einer Verringerung der Gesamtemission.

Die stoffliche Nutzung von CO_2 hat daher in der jüngeren Vergangenheit ein großes Interesse auf sich gezogen. Gleichzeitig ist die CO_2-Nutzung sehr anspruchsvoll, da sich CO_2 auf einem sehr niedrigen Energieniveau befindet und hohe Ansprüche an die katalytische Aktivierung stellt. Verschiedene Arbeitsgruppen haben sich mit der Entwicklung von Katalysatoren beschäftigt, um CO_2 chemisch umzusetzen (z.B.: [2-5]). Der größte Teil dieser Arbeiten ist jedoch rein auf die Katalyse fokussiert ohne Berücksichtigung der thermodynamischen Randbedingungen.

Im Rahmen dieser Arbeit sollen Reaktionen und Prozesse zur stofflichen Nutzung von CO_2 deshalb unter thermodynamischen Gesichtspunkten untersucht werden. Viele CO_2-Nutzungsreaktionen sind durch das Reaktionsgleichgewicht limitiert. Daher ist der erste Schritt die thermodynamische Untersuchung verschiedener Reaktionen bezüglich der Gleichgewichtslage. Die Reaktionen sollen dabei nach Reaktionsklassen geordnet und allgemeine Aussagen über deren Limitierung durch das thermodynamische Gleichgewicht getroffen werden.

Um möglichst niedrige CO_2-Emissionen zu erreichen, muss der Energieaufwand minimiert werden. Bei geringen Umsätzen ist eine aufwendige Abtrennung des Produkts von den nicht umgesetzten Edukten nötig. Daher sollen Regeln entwickelt werden, die es erlauben, Reaktionen bei denen nur geringe Umsätze erreichbar sind, vorab erkennen zu können. Damit kann großer Forschungsaufwand an thermodynamisch nicht sinnvoll realisierbaren Reaktionen vermieden werden.

Darüber hinaus wurden im Rahmen dieser Arbeit Methoden untersucht und validiert, um Stoffdaten der beteiligten Stoffe abzuschätzen. Dabei wurde eine Gruppenbeitragsmethode zur Abschätzung des Dipolmoments unbekannter Stoffe entwickelt, die im Folgenden dargestellt wird. Die Kenntnis des Dipolmoments ist unter anderem für die Beschreibung des Mehrstoffverhaltens wichtig. Dadurch kann die Genauigkeit der Prozesssimulationen erhöht und eine genauere Abschätzung des Energiebedarfs und damit der Netto-CO_2-Emissionen durchgeführt werden.

2 Stand der Technik

2.1 CO$_2$-Fixierung

Um die Emission von CO$_2$ in die Atmosphäre zu verhindern, ohne auf die Erzeugung zu verzichten, muss das entstehende CO$_2$ abgetrennt und fixiert werden. Über diese Thematik wurden in den letzten beiden Jahrzehnten eine große Zahl von Übersichtsartikeln geschrieben (z.B.: [6-8]). Deshalb soll hier nur eine kurze Übersicht gegeben und versucht werden, eine systematische Einteilung vorzunehmen. Die Fixierungsansätze können dabei in zwei Grundtypen eingeteilt werden: CO$_2$-Speicherung (Carbon Capture and Storage; CCS) und CO$_2$-Nutzung (Carbon Capture and Utilization; CCU).

2.1.1 CO$_2$-Speicherung

CO$_2$-Speicherung bezeichnet im Rahmen dieser Arbeit die Fixierung ohne eine Nutzung des CO$_2$ oder eines daraus hervorgegangenen Produktes. Verschiedene Ansätze zur Speicherung von CO$_2$ wurden in der Vergangenheit vorgeschlagen. Diese lassen sich wiederum in Methoden ohne und mit chemischer Umwandlung des CO$_2$ einteilen.

Zur Speicherung ohne chemische Umwandlung muss CO$_2$ unter hohen Druck gesetzt werden, um es an den Druck der Lagerstätte anzugleichen. CO$_2$ kann anschließend unter der Erdoberfläche beispielsweise in alten Erdgaslagern, in porösem Gestein oder in großen Meerestiefen gespeichert werden [6]. Sowohl für die unterirdische Speicherung als auch für die Speicherung auf dem Grund des Meeres werden Speicherkapazitäten in der Größenordnung von jeweils bis zu 1 TtC (Teratonnen Kohlenstoff) angegeben [8]. Die unterirdische Speicherung setzt das Vorhandensein von geeigneten geologischen Formationen voraus. Je nach genutztem Reservoir kann zusätzlich eine, meist langsame, chemische Reaktion des CO_2 mit dem Gestein auftreten, welche zu einer Reduzierung des Drucks und damit zur Stabilisierung der Speicherung beiträgt. Die Langzeitstabilität ist von den geologischen Gegebenheiten der jeweiligen Formation abhängig [9]. Bei der Tiefseespeicherung muss das CO_2 in mindestens 3000 m Tiefe gepumpt werden. Die Auswirkungen einer Tiefseespeicherung auf die Ökologie des Meeres sind gegenwärtig jedoch noch nicht erforscht. Außerdem ist die Langzeitstabilität einer Speicherung auf dem Meeresgrund eine Frage, die weiterer Untersuchungen bedarf [10].

Bei der Speicherung mit chemischer Umwandlung werden im Wesentlichen anorganische Carbonate aus Oxiden und CO_2 hergestellt. Für die Speicherung von CO_2 in Form anorganischer Carbonate wird eine weltweite Kapazität von über 10 GtC angegeben [7].

Eine Sonderform der Speicherung mit chemischer Umwandlung des CO_2 stellt die Umsetzung mit Hilfe von photoautotrophen Organismen dar. Diese hat den Vorteil, dass nicht zwangsläufig ein konzentrierter CO_2-Strom benötigt wird. Eine Möglichkeit hierfür ist die gezielte Düngung von Meeresregionen, in denen ein Mangel an einem bestimmten Nährstoff (zumeist Eisen) herrscht. Infolgedessen beginnt das Wachstum von Algen stark zuzunehmen, welche zunächst deutlich mehr CO_2 konsumieren als freisetzen. Sinken die abgestorbenen Algen auf den Grund des Meeres ohne unter CO_2-Freisetzung zersetzt zu werden, so kann CO_2 gebunden werden [6]. Ungeklärt sind noch eventuelle Auswirkungen auf das Ökosystem. Zudem besteht die Gefahr, dass die Algen auf dem Meeresgrund zu weit klimaschädlicheren Gasen wie Methan oder Stickstoffmonoxid umgesetzt werden [11].

2.1.2 Stoffliche Nutzung von CO_2

Die stoffliche Nutzung von CO_2 stellt das eigentliche Hauptthema dieser Arbeit dar. Dabei wird CO_2 in Folge von Reaktionen mit organischen Reaktanden umgewandelt. Der unmittelbare Einbau des Kohlenstoffatoms in das neue Molekül tritt dabei häufig auf. In einigen Fällen wird das CO_2 dagegen nur zu Kohlenstoffmonoxid umgesetzt. Einige CO_2-Nutzungsreaktionen sind bereits seit vielen Jahren großtechnisch umgesetzt. Die wichtigsten Produkte sind dabei Harnstoff, Methanol, organische Carbonate und Salicylsäure [6].

Harnstoff wird in einem zweistufigen Verfahren aus CO_2 und Ammoniak gewonnen (Gleichung 2-1).

$$CO_2 + 2\,NH_3 \rightleftharpoons H_2N-C(=O)-O^{\ominus}\,NH_4^{\oplus} \rightleftharpoons H_2N-C(=O)-NH_2 + H_2O \qquad 2\text{-}1$$

Harnstoff wird im Maßstab von über 50 Megatonnen pro Jahr erzeugt und findet in erster Linie als Düngemittel, aber auch als Zwischenprodukt in der chemischen Industrie Verwendung [12]. Das bei der Herstellung eingesetzte CO_2 stammt allerdings vollständig aus der Ammoniakproduktion, wo es zuvor als Abfallprodukt erzeugt wurde. Erweitert man den Bilanzraum also um die vorgeschaltete Ammoniaksynthese, so ist die Harnstoffsynthese dementsprechend keine CO_2-verbrauchende Reaktion.

An zweiter Stelle bei der Produktionsmenge organischer Produkte aus CO_2 folgt Methanol. Die Synthese erfolgt nicht direkt, sondern über eine vorgeschaltete umgekehrte Wassergas-Shift Reaktion bei der aus CO_2 zunächst Kohlenmonoxid hergestellt wird (Gleichung 2-2), welches anschließend zu Methanol umgesetzt wird (Gleichung 2-3). Der Wasserstoffbedarf pro mol Methanol steigt dadurch um 50 % an. [13]

$$CO_2 + H_2 \rightleftharpoons CO + H_2O \qquad \qquad 2\text{-}2$$

$$CO + 2\,H_2 \rightleftharpoons CH_3OH \qquad \qquad 2\text{-}3$$

Methanol wird unter anderem als Lösungsmittel und als Ausgangsstoff in der chemischen Industrie eingesetzt.
An dritter Stelle bei der stofflichen Nutzung von CO_2 in der Industrie steht die Synthese von cyclischen Carbonaten aus Epoxiden und CO_2 (Gleichung 2-4).

$$\underset{R}{\triangle\!\!\!\!\!O} + CO_2 \rightleftharpoons \underset{R}{\overset{O}{\bigcirc\!\!\!\!\!\bigcirc}} \qquad \qquad 2\text{-}4$$

Organische Carbonate finden beispielsweise als Lösungsmittel bei der Herstellung von Polymeren wie Polyacrylnitril, Nylon oder Polyvinylchlorid Verwendung. Die bei der Synthese von cyclischen Carbonaten gebundene Menge an CO_2 liegt dennoch gegenwärtig bei deutlich unter einer MtC pro Jahr [6].
Die Herstellung von Salicylsäure aus CO_2 wurde bereits 1860 von H. Kolbe entwickelt [14] und 1885 von R. Schmitt zum bis heute verwendeten Verfahren weiterentwickelt [15]. Da Salicylsäure vor allem in der Pharmaindustrie zum Einsatz kommt ist der Umsatz an CO_2 infolge von Salicylsäureherstellung vernachlässigbar gering.

2.1.3 Nicht-Stoffliche Nutzung von CO_2

Neben der Nutzung von CO_2 zur Herstellung von chemischen Verbindungen wird es auch unter Ausnutzung seiner physikalischen Eigenschaften verwendet. Bei solchen Verfahren kommt es in der Regel zu keiner oder nur einer teilweisen Fixierung des eingesetzten CO_2.

Insbesondere in seinem überkritischen Zustand besitzt CO_2 eine Reihe von Eigenschaften, die es für verschiedene Prozesse interessant machen. Viele Stoffe lösen sich in überkritischem CO_2. Die leichte Abtrennbarkeit, die geringe Giftigkeit und niedrigen Kosten, sowie die Umweltverträglichkeit machen es als „grünes" Lösungsmittel interessant. Nachteilig wirkt sich jedoch der Umstand aus, dass für die Kompression auf überkritischen Druck ein beträchtlicher Energiebedarf besteht (21,6 kJ/mol zur isentropen Kompression mit $\eta_{isentrop} = 0{,}78$ auf kritischen Druck plus gegebenenfalls Kühlleistung, um das überkritische Gas nach der Kompression von über 500 °C auf Prozesstemperatur zu bringen). Eingesetzt wird überkritisches CO_2 unter anderem in der Katalyse als Lösungsmittel für verschiedene chemische Reaktionen [16] oder zur Extraktion von beispielsweise Hopfen [17].

Im unterkritischen Zustand wird CO_2 unter anderem als Lösch- oder Kältemittel, als Schutzgas und in der Lebensmittelindustrie zur Herstellung Kohlensäurehaltiger Getränke genutzt.

In großem Umfang wird CO_2 bei der Gewinnung von Öl aus sogenannten unkonventionellen Lagerstätten im Rahmen der *enhanced oil recovery* (EOR) eingesetzt. Dabei wird CO_2 in unterirdische Ölfelder gepresst, wo es zum einen das an Ölsanden haftende Öl fluidisiert und zum anderen dazu beiträgt das Öl aus dem Lagerfeld herauszudrücken. Ein erheblicher Teil des CO_2 wird dabei wieder im Öl gelöst und mit diesem ausgetragen, wodurch weniger als 20 % unter der Erde verbleiben [6]. Dennoch werden für die Speicherung von CO_2 im Rahmen von EOR in der Literatur potentielle Kapazitäten von mehreren hundert GtC genannt [8].

Gegenwärtig noch im Entwicklungsstadium befindet sich das Konzept des *enhanced geothermal systems*. Dabei wird überkritisches CO_2 als Arbeitsmedium in Wärmekraftprozessen eingesetzt, um geothermische Wärme zu nutzen, die mit Wasser oder Sole als Arbeitsmedium nicht zugänglich wäre. [18] Es wird geschätzt, dass für eine Anlage mit 10 MW Leistung eine CO_2-Menge von 100000 Tonnen benötigt würde. [19]

2.2 CO_2-Rucksäcke von Stoffen

Jedem Stoff oder auch jeder Dienstleistung kann ein sogenannter CO_2-Rucksack (engl. *carbon footprint*) zugewiesen werden. Laut Definition der Europäischen Kommission [20] bezeichnet dieser „die Gesamtmenge an Kohlenstoffdioxid- und anderen Treibhausgasemissionen im Zusammenhang mit dem Produkt". Dazu wird jeder Art von Emission ein *Global Warming Potential* (GWP) relativ zu CO_2 zugewiesen, das die unterschiedliche Wirkung verschiedener Stoffe bezüglich des Treibhauseffektes berücksichtigt (vergleiche

Tabelle 2-1). Die unterschiedliche Lebensdauer der verschiedenen Gase in der Atmosphäre wird dadurch berücksichtigt, dass die Wirkung auf den Treibhauseffekt innerhalb eines fest definierten Zeitraums zugrunde gelegt wird. Die unterschiedliche Verweildauer der Gase in der Atmosphäre kann dabei zu unterschiedlichen Werten für das gleiche Gas bei verschiedenen Referenzzeiträumen führen.

Tabelle 2-1: *Global warming potential* ausgewählter Stoffe bezogen auf 1000 Jahre [21]

Stoff	GWP relativ zu CO_2 molbezogen	GWP relativ zu CO_2 massenbezogen
CO_2	1,0	1,0
CO	1,4	2,2
CH_4	3,7	10
N_2O	180	180

Neben dem GWP werden in der Literatur vereinzelt alternative Gewichtungskriterien für verschiedene Emissionen vorgeschlagen (z.B.: [22]), in der Praxis hat sich die Verwendung des GWP aber weitgehend durchgesetzt.

Wasserdampf weist den, noch vor CO_2, größten Beitrag zum Treibhauseffekt auf [23]. Die Wasserkonzentration in der Atmosphäre wird jedoch im Wesentlichen nicht durch anthropogene Emission bestimmt, sondern durch Umweltbedingungen wie die Temperatur. Der Anteil von Wasserdampf in der Atmosphäre ist daher, anders als der anderer Treibhausgase, nicht direkt beeinflussbar. Bei der Berechnung von CO_2-Rucksäcken werden Emissionen von Wasserdampf deshalb nicht berücksichtigt.

Der CO_2-Rucksack eines Stoffes oder eines anderen Betriebsmittels (Heizdampf, Pumpleistung, usw.) ergibt sich daher aus der Summe sämtlicher bei ihrer Bereitstellung freiwerdenden Emissionen multipliziert mit dem jeweiligen GWP-Wert. Die Bereitstellung umfasst dabei nicht nur die Herstellung, sondern gegebenenfalls auch den Transport oder die CO_2-Rucksäcke von vorangegangenen Ausgangsstoffen. Für die Bewertung von Verfahren zur stofflichen Nutzung von CO_2 spielen die

CO_2-Rucksäcke eine wichtige Rolle, da zu ihrer Beurteilung nicht nur die gebundene CO_2-Menge, sondern auch die CO_2-Emissionen bei der Bereitstellung von beispielsweise Reaktanden, Lösungsmitteln und Heizdampf berücksichtigt werden müssen.

2.3 Einteilung von CO_2-Nutzungsreaktionen

Die Reaktionen zur stofflichen Nutzung von CO_2 lassen sich nach verschiedenen Gesichtspunkten einteilen. Eine Einteilung der Reaktionen in Klassen kann, wie von Sakakura *et al.* [24] vorgeschlagen, vorgenommen werden (Tabelle 2-2).

Tabelle 2-2: Einteilung von Reaktionen mit CO_2 als Edukt nach Sakakura *et al.* [24]

	Klasse	Unterklasse	Typische Produkte
1	Chemisch	mit Wasserstoff	Kohlenwasserstoffe, Alkohole
		ohne Wasserstoff	Carbonate, Carbamate
2	Photochemisch		CO, Ameisensäure, CH_4
3	Elektrochemisch		CO, Ameisensäure, Methanol
4	Biologisch		Zucker, Ethanol
5	Reformierung		CO
6	Anorganisch		Carbonate (M_xCO_3)

Die biologische Umsetzung (Klasse 4) ist die einzige bei der kein konzentrierter CO_2-Strom nötig ist. Reformierung (Klasse 5) kann dabei auch als Sonderfall der chemischen Umsetzung (Klasse 1) verstanden werden. Das dabei erzeugte Produkt Kohlenstoffmonoxid fungiert in Folgereaktionen als Ausgangsstoff. Diese Arbeit konzentriert sich auf die chemische Umsetzung (Klasse 1).

Ein alternatives Klassifizierungsmerkmal stellt die Frage nach dem Einbau des CO_2-Moleküls in das entstehende neue Molekül dar. Es bestehen vier prinzipielle Möglichkeiten, die in Tabelle 2-3 dargestellt werden.

Tabelle 2-3: Einteilung von Reaktionen mit CO_2 als Edukt nach Einbau des CO_2

Typ	Untertyp	Typische Produkte
Vollständiger Einbau		Carbonsäuren, Carbonate, Lactone
Teilweiser Einbau	mit Einbau des Kohlenstoffs	Harnstoff, Aldehyde, Alkohole, CH_4
	ohne Einbau des Kohlenstoffs	Aldehyde, Säuren
Kein Einbau		Ungesättigte Kohlenwasserstoffe

Von Interesse sind vor allem die beiden Reaktionstypen bei denen das C-Atom in das entstehende Molekül eingebaut wird. Diese bieten zum einen prinzipiell die Möglichkeit zur Fixierung von CO_2 beizutragen. Zum anderen können sie das billige CO_2 als Kohlenstoffbaustein nutzen.

2.4 Eingeführte Bewertungskriterien

Von Audus und Oonk wurden bereits 1997 eine Reihe von Kriterien zur schnellen Vorabbewertung von CO_2-Nutzungsreaktionen vorgeschlagen [25].

Als erstes Kriterium wird die Frage nach der Reduzierung der Netto-CO_2-Emissionen genannt. Da deren Bestimmung aufwendigere Prozesssimulationen und Zugang zu oft nur eingeschränkt verfügbaren Daten voraussetzt, werden zwei Ansätze zur schnellen Überprüfung vorgeschlagen. Einer davon ist das Verhältnis von Kohlenstoff zu Wasserstoff (C/H). Damit eine Fixierung vorliegt muss das C/H-Verhältnis steigen. Da CO_2 in der Regel aus fossilen Energieträgern (Erdgas: CH_4, Öl: $CH_{1,3}$; Kohle $CH_{0,8}$) stammt, muss nach der vorgeschlagenen Bewertungsregel das C/H-Verhältnis über dem C/H-Verhältnis des entsprechenden fossilen Energieträgers liegen. Bei Methanol hat das C/H-Verhältnis beispielsweise einen Wert von 0,25. Dieser Wert ist genauso groß wie bei Erdgas und kleiner als bei Öl und Kohle. Nach der vorgeschlagenen Regel wäre Methanolsynthese ausgehend von Erdgas daher bezüglich der Netto-CO_2-Emission nicht sinnvoll und ausgehend von Öl oder Kohle sogar kontraproduktiv.

Als zweite Möglichkeit zur schnellen Bewertung der Netto-CO_2-Emission wird ein Vergleich des neuen Prozesses mit dem zu ersetzenden Vergleichsprozess vorgeschlagen. Zur Beurteilung sollen die in

Tabelle 2-4 angegebenen Prozesscharakteristika betrachtet werden.

Tabelle 2-4: Vergleichscharakteristika für Prozesse nach Audus und Oonk [25]

a	**Reduzierung der Zahl der Prozessschritte**
b	**Mildere Operationsbedingungen** (geringere Drücke, niedrigere Temperaturen, usw.)
c	**Verringerung der Zahl der „Diskontinuitäten"** (z.B.: eine Druckstufung in der Reihenfolge 1, 2, 8 bar wird als effizienter angesehen als 8, 1, 2 bar)
d	**Phasenwechsel werden vermieden** (z.B.: weniger Destillationsschritte nötig)
e	**Verbesserte Möglichkeiten zur Wärmeintegration**

Wenn eines oder mehrere dieser Charakteristika erfüllt sind, ist zu erwarten, dass die Netto-CO_2-Emissionen gegenüber dem Vergleichsprozess reduziert werden können.

Als zweites Kriterium wird die „chemische Realisierbarkeit" genannt. CO_2 ist das Endprodukt vieler energiefreisetzender Reaktionen. Dementsprechend muss vielfach eine beträchtliche Menge an Energie aufgewendet werden, um CO_2-Nutzungsreaktionen zum Laufen zu bringen. Eine Betrachtung der Freien Reaktionsenthalpie $\Delta^R g$ wird zur schnellen Einschätzung vorgeschlagen. Ist diese negativ oder nur leicht positiv, so ist zu erwarten dass die Reaktion chemisch realisierbar ist.

Als drittes Kriterium wird die „Effektivität zur Reduzierung von CO_2-Emissionen" vorgeschlagen. Hierunter fällt zunächst die mittlere Lebenserwartung des Produktes. Eine Speicherung über Jahrhunderte würde dabei bevorzugt. Da diese nur von anorganischen Carbonaten zu erwarten ist, wird eine Speicherung über Jahrzehnte ebenfalls als akzeptabel bewertet. Liegt die Produktlebensdauer in der Größenordnung von Jahren oder weniger, wie es bei Agrarchemikalien oder Treibstoffen der Fall ist, so gilt das Kriterium als nicht erfüllt.

Als weiterer Punkt im Rahmen der Effektivität wird das Marktvolumen angesehen. Ein Produkt eignet sich nur zur Reduzierung von CO_2-Emissionen, wenn die potentielle Nachfrage danach in einem nennenswerten Verhältnis zur CO_2-Erzeugung steht. Nur Polymeren, Agrarchemikalien und Treibstoffen wird ein entsprechendes Potential beim Marktvolumen zugeschrieben.

Als letzter Punkt des Effektivitätskriteriums wird die Verfügbarkeit der Co-Reaktanden genannt. Als Maßstab wird als minimale Verfügbarkeit ein Äquivalent zur Umsetzung von 10 Mt CO_2 vorgeschlagen.

Neben den von Audus und Oonk vorgeschlagenen Kriterien werden in der Literatur weitere Beurteilungskriterien für chemische Prozesse genannt, die nicht auf CO_2-Nutzungsreaktionen beschränkt sind. Da CO_2-Nutzungsreaktionen in großem Maßstab ablaufen müssen, wenn sie in nennenswertem Umfang zur Emissionsreduzierung beitragen sollen, ist die Frage nach der beim Prozess anfallenden Abfallmenge für die ökologische Beurteilung wichtig. Ein einfacher Maßstab zur Quantifizierung der relativen Abfallmenge ist der von Sheldon vorgeschlagene E-Faktor [26]. Dieser gibt die Masse an entstehendem Abfall bezogen auf die Masse des gebildeten Produktes an. Die theoretische Mindestabfallmenge kann dabei durch das Kriterium der *Atomökonomie* abgeschätzt werden. Dabei wird basierend auf der Stöchiometrie der Reaktion die Mindestabfallmenge abgeschätzt. Steht auf der Produktseite der Gleichung lediglich das Wertprodukt, so beträgt die Atomökonomie 100 %. Alle weiteren Produkte werden als Abfall klassifiziert. Für reale Prozesse müssen zusätzlich zur Mindestabfallmenge gegebenenfalls noch Purgeströme als zusätzliche Abfallmenge berücksichtigt werden.

2.5 Exergie

Bei der Bewertung und dem Vergleich von Verfahren ist die Energiebilanz vielfach nur ein eingeschränkt geeigneter Ansatz. Unterschiedliche Energieformen können nicht generell gleichgesetzt werden. So können elektrische oder mechanische Energie nahezu beliebig in andere Energieformen umgewandelt werden. Wärme kann hingegen nur sehr eingeschränkt in Arbeit umgewandelt werden. Die thermodynamische Obergrenze für die Umwandlung von Wärme in Arbeit ist durch den Carnot-Wirkungsgrad η_C gegeben (Gleichung 2-5):

$$\eta_C = 1 - \frac{T_U}{T} \qquad 2\text{-}5$$

Die Wertigkeit einer Wärme ist daher umso höher, je höher ihre Temperatur T ist. Für die Gewichtung entscheidend ist dabei neben dem Temperaturniveau der Wärme selbst auch die Umgebungstemperatur T_U.

Um Energien in Form von Wärme vergleichbar zu machen, wird die Wärmemenge mit dem Carnot-Wirkungsgrad multipliziert. Die daraus erhaltene Größe wird als Exergie bezeichnet. Diese stellt den nutzbaren Teil der Energieform dar. Der nicht nutzbare Teil der Wärme wird als Anergie bezeichnet. Exergie und Anergie sind dabei immer nicht nur von der Temperatur des jeweiligen Wärmestroms abhängig, sondern darüber hinaus auch von der Temperatur der Umgebung. Anders als die Energie ist die Exergie daher keine Zustandsfunktion.

Bei der Berechnung der thermischen Exergie der sensiblen Wärme einer Stoffmenge n muss berücksichtigt werden, dass das Temperaturniveau der Wärme Q im Laufe der isobaren Wärmeabgabe abnimmt:

$$Ex_{thermisch} = \int_{Q(T_U)}^{Q(T_{Stoff})} \left(1 - \frac{T_U}{T}\right) \cdot dQ$$

$$= \int_{T_U}^{T_{Stoff}} \left(1 - \frac{T_U}{T}\right) \cdot c_P(T) \cdot n \cdot dT$$

2-6

Gleichung 2-6 kann als Funktion der mittleren Temperatur T_m vereinfacht werden:

$$Ex_{thermisch} = \frac{T_m - T_U}{T_m} \cdot c_P \cdot n \cdot \Delta T \qquad 2\text{-}7$$

Unter der Annahme, konstanter Wärmekapazität c_P kann die mittlere Temperatur T_m als

$$T_m = \frac{T_{Stoff} - T_U}{\ln\left(\frac{T_{Stoff}}{T_U}\right)} \qquad 2\text{-}8$$

berechnet werden. Da die Wärmekapazität in der Realität eine Funktion der Temperatur ist sollte diese Vereinfachung nur bei geringen Temperaturdifferenzen getroffen werden.

Ein Vorteil des Exergiekonzeptes ist der Umstand, dass auch Stoffströmen eine Exergie zugewiesen werden kann. Vereinfacht stellt die Exergie eines Stoffstroms seinen „Unterschied" von der Umgebung dar. Die Exergie lässt sich dabei in drei Gruppen aufteilen: die chemische, die thermomechanische und die Konzentrationsexergie [27]. Die chemische Exergie Ex_{chem} beschreibt die Differenz zwischen dem chemischen Potential der Komponente und ihrer Umgebung. Sie kann gemäß

Gleichung 2-9 aus der Freien Bildungsenthalpie $\Delta^F g$ und der chemischen Exergie der sie bildenden Elemente berechnet werden.

$$Ex_{chem} = \Delta^F g + \sum_j v_j \cdot Ex_{chem,j} \qquad 2\text{-}9$$

Für die chemische Exergie der Elemente wird als Bezugszustand ihre Konzentration in der Umgebung gewählt, wobei je nach Element Luft, Meerwasser oder die Erdkruste als Referenzumgebung herangezogen werden [28]. Die thermomechanische Exergie erfasst das Arbeitspotential infolge der Temperatur und Druckdifferenz zur Umgebung, während die Konzentrationsexergie die Entropiedifferenz infolge unterschiedlicher Konzentrationen berücksichtigt.

Da bei jedem realen Prozess die Entropie steigt, nimmt die Exergie dabei ab. Dies ist auf die verringerte Arbeitsfähigkeit eines Systems bei gleichem Energieinhalt aber größerer Entropie zurückzuführen. Die Differenz aus der in ein System eingehenden und der ausgehenden Exergie stellt den Verlust an Exergie dar. Bei einem effizienten Prozess ist der Verlust an Exergie bezogen auf das erreichte Ergebnis minimal. Ein Vergleich von Prozessen wird deshalb über einen Vergleich der Exergieverluste möglich. Entscheidend für einen exergetisch effizienten Prozess sind dabei nicht nur der Energiebedarf, sondern auch das Temperaturniveau der Abwärmen, da hieraus eventuell Heizdampf mit nennenswerter Exergie gewonnen werden kann, sowie die Art der Edukte und Produkte und ihre Reinheit.

3 Modellierung

3.1 Chemisches Gleichgewicht

Für die Wirtschaftlichkeit und die CO_2-Bilanz ist der Aufwand zur Aufreinigung der Produkte und zur Rückführung nicht umgesetzter Edukte von großer Bedeutung. Dieser Aufwand wird in erheblichem Maße vom Umsatzgrad im Reaktor bestimmt. Durch die Lage des chemischen Gleichgewichts ist für diesen ein Maximalwert vorgegeben.

3.1.1 Gleichgewichtskonstante

Im Gleichgewicht, auch im chemischen, gilt im isobaren, isothermen Fall, dass die Freie Enthalpie g des Systems ein Minimum annimmt. Da das chemische Potential die partielle molare Größe der Freien Enthalpie ist, muss die Summe der chemischen Potentiale μ_i, gewichtet um die stöchiometrischen Koeffizienten ν_i, daher gleich null sein (Gleichung 3-1). [29]

$$\sum_i \nu_i \mu_i = 0 \qquad 3\text{-}1$$

Das chemische Potential bei gegebenen Bedingungen $\mu_i(P, T, x_i)$ lässt sich ausgehend vom chemischen Potential der reinen Komponente i in der idealen Gasphase bei Standarddruck P^+ und der Fugazität f_i durch Gleichung 3-2 ausdrücken:

$$\mu_i(P, T, x_i) = \mu_{0i}^{IG}(P^+, T) + RT \ln \frac{f_i}{P^+} \qquad 3\text{-}2$$

Gleichung 3-1 lässt sich damit unter Verwendung der stöchiometrischen Koeffizienten v_i umformen zu

$$\sum_i v_i \mu_i(P, T, x_i) = \sum_i v_i \mu_{0i}^{IG}(P^+, T) + RT \cdot \sum_i v_i \ln \frac{f_i}{P^+} = 0 \qquad \text{3-3 a}$$

$$\sum_i v_i \mu_{0i}^{IG}(P^+, T) = -RT \sum_i v_i \ln \frac{f_i}{P^+} = -RT \ln K_f \qquad \text{3-3 b}$$

Die Gleichgewichtskonstante K_f verknüpft damit die Fugazitäten f_i der Stoffe im Gleichgewicht mit der Freien Reaktionsenthalpie in der idealen Gasphase $\Delta^R g^{IG,+}$ bei Standardbedingungen[1] [30] (Gleichung 3-4).

$$K_f = \prod_i \left(\frac{f_i}{P^+}\right)^{v_i} = e^{-\frac{\Delta^R g^{IG,+}}{RT}} \qquad \text{3-4}$$

Die Freie Reaktionsenthalpie kann als Summe der Freien Bildungsenthalpien $\Delta^F g^{IG,+}$ der Edukte und Produkte gewichtet um die stöchiometrischen Koeffizienten berechnet werden (die stöchiometrischen Koeffizienten der Edukte haben ein negatives Vorzeichen).

$$\Delta^R g^{IG,+} = \sum_i v_i \cdot \Delta^F g_i^{IG,+} \qquad \text{3-5}$$

Die Freien Bildungsenthalpie lässt sich aus der Bildungsenthalpie $\Delta^F h^{IG,+}$ und Bildungsentropie $\Delta^F s^{IG,+}$ des betreffenden Stoffes berechnen.

---

[1] Als Standardbedingungen werden in der Regel eine Temperatur von 298,15 K und ein Druck von 1,01325 bar gewählt

$$\Delta^F g^{IG,+} = \Delta^F h^{IG,+} - T \cdot \Delta^F s^{IG,+} \qquad 3\text{-}6$$

Die Bestimmung und Vorhersage der Bildungsgrößen wird in Kapitel 3.3.1 näher beschrieben.

Ist die Gleichgewichtskonstante bei Standardbedingungen bekannt, kann sie mit Hilfe der van't-Hoff-Gleichung auf eine andere Temperatur umgerechnet werden:

$$\frac{d\ln K_f}{dT} = \frac{\Delta^R h^{IG}}{RT^2} \qquad 3\text{-}7$$

Bei der Integration der van't-Hoff-Gleichung muss die Temperaturabhängigkeit der Bildungsenthalpie berücksichtigt werden. In diese geht wiederum die Temperaturabhängigkeit der Wärmekapazitäten c_P aller an der der Reaktion beteiligten Stoffe ein. Die Reaktionsenthalpie bei gegebenen Temperatur T lässt sich ausgehend von der Reaktionsenthalpie bei einer beliebigen Ausgangstemperatur T_0 gemäß Gleichung 3-8 berechnen.

$$\Delta^R h^{IG}(T) = \Delta^R h^{IG}(T_0) + \int_{T_0}^{T} \sum_i [v_i \cdot c_{P,i}(T)] \, dT \qquad 3\text{-}8$$

Bei einphasigen, flüssigen Systemen, die sich auf einem Temperaturniveau unterhalb der Siedelinie befinden, ist statt der auf Fugazitäten basierende Gleichgewichtskonstante K_f häufig die Verwendung der auf den Aktivitäten a_i der Stoffe basierten Gleichgewichtskonstanten K_a sinnvoll:

$$K_a = \prod_i a_i^{\nu_i} = \prod_i (x_i \cdot \gamma_i)^{\nu_i} = e^{-\frac{\Delta^R g^L}{RT}} \qquad 3\text{-}9$$

Die Gleichgewichtskonstante K_a lässt sich analog zu K_f aus der Freien Reaktionsenthalpie ermitteln, wobei als Bezugszustand die Freie Reaktionsenthalpie in der Flüssigphase $\Delta^R g^L$ verwendet wird.

3.1.2 Reaktionsgleichgewicht in einphasigen Systemen

Ist die Gleichgewichtskonstante bekannt, kann für eine gegebene Ausgangsmischung die Verteilung im Gleichgewicht bestimmt werden. Die Fugazität f_i in der Gasphase lässt sich als Produkt aus dem Molenbruch in der Gasphase y_i, dem Systemdruck P und dem Fugazitätskoeffizienten φ_i schreiben

$$f_i = y_i P \varphi_i. \qquad 3\text{-}10$$

Bei einer Reaktion mit m Reaktionspartnern gehen damit m Fugazitäten in Gleichung 3-4 ein, womit diese unterbestimmt ist. Die Molenbrüche der Komponenten sind dabei aber nicht unabhängig, sondern hängen von ihren Anfangsstoffmengen n_i^{Beginn} und dem Fortschritt der Reaktion ab. Der Reaktionsfortschritt lässt sich durch die Reaktionslaufzahl λ ausdrücken. Diese kann differentiell definiert werden als Änderung der Stoffmenge einer Komponente bezogen auf ihren stöchiometrischen Koeffizienten:

$$d\lambda = \frac{dn_i}{\nu_i} \qquad 3\text{-}11$$

Schreibt man den Molenbruch unter Verwendung der Reaktionslaufzahl und der Anfangsstoffmengen n^{Beginn} für ein System mit m Stoffen,

$$y_i = \frac{n_i}{n_{gesamt}} = \frac{n_i^{Beginn} + v_i \lambda}{n_{gesamt}^{Beginn} + \sum_{k=1}^{m} v_k \lambda} \qquad 3\text{-}12$$

lässt sich, für den Fall dass sich im System nur eine Phase befindet, die Zahl der Unbekannten in Gleichung 3-4 auf eins reduzieren, womit die Gleichung gelöst werden kann. Die Zusammensetzung im Gleichgewicht lässt sich aus der erhaltenen Reaktionslaufzahl λ mit Hilfe von Gleichung 3-12 berechnen. Die Stoffmenge einer Komponente im Gleichgewicht entspricht dem Zähler von Gleichung 3-12.

Treten mehrere Reaktionen auf, so wird jeder Reaktion j eine Reaktionslaufzahl λ_j zugewiesen. Für ein System mit m Stoffen und n Reaktionen lässt sich Gleichung 3-12 zu Gleichung 3-13 erweitern.

$$y_i = \frac{n_i^{Beginn} + \sum_{l=1}^{n} v_{i,l} \lambda_l}{n_{gesamt}^{Beginn} + \sum_{l=1}^{n} \sum_{k=1}^{m} v_{k,l} \lambda_l} \qquad 3\text{-}13$$

Nimmt ein Stoff i an Reaktion j nicht teil, so ist sein stöchiometrischer Koeffizient $v_{i,j}$ null. Gleichung 3-4 wird für jede Reaktion einzeln aufgestellt und das n-dimensionale Gleichungssystem gelöst. Aus den n Reaktionslaufzahlen kann anschließend die Zusammensetzung im Gleichgewicht mit Hilfe von Gleichung 3-13 berechnet werden. Das vollständige Gleichungssystem für die Lösung von Reaktionsgleichgewichten in einphasigen Systemen ist in Anhang A.3 angegeben.

Insbesondere bei höheren Drücken sollte nicht mehr das Verhalten eines idealen Gases angenommen und die Fugazitätskoeffizienten gleich eins gesetzt werden. Eine Berechnung der Fugazitätskoeffizienten vor dem Lösen des Gleichungssystems ist jedoch nicht sinnvoll, da diese von den Molenbrüchen abhängen, welche vor der Lösung des Gleichungssystems noch unbekannt sind. Aus diesem Grund werden die Fugazitätskoeffizienten zu Beginn gleich 1 gesetzt. Nach dem Lösen des Gleichungssystems werden die Fugazitätskoeffizienten mit Hilfe der verwendeten Zustandsgleichung berechnet und mit den erhaltenen Werten das Gleichungssystem erneut gelöst. Dieses Vorgehen wird wiederholt bis Konvergenz erreicht wird.

Bei einphasigen, flüssigen Systemen wird analog vorgegangen. Die Gleichgewichtskonstante wird dabei gemäß Gleichung 3-9 aus der Freien Reaktionsenthalpie $\Delta^R g^L$ ermittelt und Gleichung 3-12 auf die Molenbrüche in der Flüssigphase angewendet.

3.1.3 Reaktionsgleichgewicht mit überlagertem Phasengleichgewicht

Bei einem großen Teil der betrachteten Reaktionen kommt es zur Ausbildung einer flüssigen Phase. In diesem Fall muss zusätzlich zum Reaktionsgleichgewicht auch noch das Phasengleichgewicht zwischen dampfförmiger (V) und flüssiger (L) Phase berücksichtigt und simultan gelöst werden. Im Phasengleichgewicht gilt für jede Komponente i, dass die Fugazität f_i in der Dampf- und in der Flüssigphase gleich sind:

$$f_i^V = f_i^L \qquad \text{3-14 a}$$

mit

$$f_i^V = y_i P \varphi_i \qquad \text{3-14 b}$$

$$f_i^L = x_i \gamma_i f_{0i}^L = x_i \gamma_i P_{0i}^{LV} \varphi_{0i}^{LV} \Pi_{0i} \qquad \text{3-14 c}$$

wobei x_i den Molenbruch von Komponente i in der flüssigen Phase und P_{0i}^{LV} ihren Dampfdruck bei der gegebenen Temperatur darstellt. Die Bestimmung der Fugazitätskoeffizienten φ, der Aktivitätskoeffizienten γ und des Poynting-Faktors Π_{0i} wird in Kapitel 3.2 behandelt.

Die Summe aller Molenbrüche y_i ist gleich eins. Damit gilt das gleiche auch für der Summe der Flüssigphasenfugazitäten (Ausdruck in Gleichung 3-14 c) dividiert durch den Druck und den Fugazitätskoeffizienten der jeweiligen Komponente in der Gasphase:

$$1 = \sum_{i=1}^{m} y_i = \sum_{i=1}^{m} \frac{x_i \gamma_i P_{0i}^{LV} \varphi_{0i}^{LV} \Pi_{0i}}{P \cdot \varphi_i} \qquad \text{3-15}$$

Neben dem Molenbruch in der Dampfphase y_i tritt zusätzlich der Molenbruch in der Flüssigphase x_i auf. Durch Umformung von Gleichung 3-14 lässt sich jener als Funktion des Letzteren darstellen:

$$y_i = \frac{x_i \gamma_i P_{0i}^{LV} \varphi_{0i}^{LV} \Pi_{0i}}{P \varphi_i} \qquad \text{3-16}$$

Beide Molenbrüche hängen vom Molenbruch im Gesamtsystem z_i ab und sind durch das Phasenverhältnis ε gekoppelt. Die Stoffmengenbilanz für einen Stoff i lässt sich damit ausdrücken als

$$z_i = x_i \cdot \varepsilon + y_i \cdot (1-\varepsilon)$$
$$= x_i \cdot \varepsilon + \frac{x_i \gamma_i P_{0i}^{LV} \varphi_{0i}^{LV} \Pi_{0i}}{P \varphi_i} \cdot (1-\varepsilon) \qquad 3\text{-}17$$

mit

$$\varepsilon = \frac{n_{Flüssigphase}^{alle\ Komponenten}}{n_{Gesamtsystem}^{alle\ Komponenten}} \qquad 3\text{-}18$$

Anstatt des Molenbruchs in einer einzelnen Phase wird im Zweiphasensystem der Gesamtmolenbruch z_i in Gleichung 3-12 (bzw. 3-13) eingesetzt. Gleichung 3-17 wird nach x_i aufgelöst und in Gleichung 3-15 eingesetzt. Diese fungiert bei gegebenem Systemdruck als Bestimmungsgleichung für das Phasengleichgewicht und muss simultan mit den Gleichungen für das Reaktionsgleichgewicht (Gleichung 3-4) gelöst werden. Das vollständige Gleichungssystem für die Lösung von Reaktionsgleichgewichten mit überlagertem Flüssig-Dampf-Gleichgewicht wird in Anhang A.3 angegeben.

Die Aktivitätskoeffizienten hängen wie die Fugazitätskoeffizienten von der Konzentration ab. Daher muss auch hier das gleiche Verfahren angewendet werden wie in Kapitel 3.1.2 beschrieben. Zunächst erfolgt eine Lösung des Gleichungssystems unter Idealitätsannahme anschließend werden die Aktivitätskoeffizienten mit einem g^E-Modell und die Fugazitätskoeffizienten mit einer Zustandsgleichung berechnet und das Gleichungssystem erneut gelöst. Das Verfahren wird wiederholt bis Konvergenz erreicht wird.

Die kritische Temperatur von CO_2 liegt bei 31,04 °C. Die Reaktionstemperaturen für die meisten technischen Prozesse liegen deutlich darüber, wodurch kein Dampfdruck für CO_2 und andere Gase mehr definiert ist. Eine Extrapolation der Dampfdruckkurve ist nur bei Temperaturen knapp oberhalb der kritischen Temperatur sinnvoll, führt bei höheren Temperaturen jedoch zu einer deutlich Unterschätzung der Löslichkeit. Für Gase oberhalb der kritischen Temperatur wurde daher die von Prausnitz und Shair [31] vorgeschlagene Korrelation für die Standardfugazität der hypothetischen Flüssigphase f_{0i}^L verwendet.

Henrykoeffizienten von CO_2 und anderen betrachteten Gasen in vielen Stoffen sind experimentell vielfach nicht in der Literatur verfügbar. Für die Mehrkomponentengemische der betrachteten reaktiven Systeme sind die Henrykoeffizienten generell nicht vorhanden. In der Literatur verfügbare experimentelle Henrykoeffizienten wurden, so vorhanden, zur anschließenden Validierung der Ergebnisse verwendet.

3.2 Beschreibung von Nicht-Idealitäten

In erster Näherung lässt sich die Gasphase durch die Daltonsche und die der Flüssigkeit durch die Raoultsche Näherung beschreiben. Dabei werden die Fugazitäts- und Aktivitätskoeffizienten jeweils gleich eins gesetzt. Die Annahme eines idealen Gases kann bei geringen Drücken gerechtfertigt sein. Die Raoultsche Näherung stellt nur in wenigen Fällen, wie beispielsweise Mischungen verschiedener Stereoisomere einer organischen Komponente oder für das Lösungsmittel, wenn die Konzentration der gelösten Stoffe sehr gering ist, eine valide Beschreibung dar. [32]

Um die Nicht-Idealität genauer zu beschreiben, können die Fugazitätskoeffizienten mit Hilfe von Zustandsgleichungen beziehungsweise die Aktivitätskoeffizienten mit g^E-Modellen berechnet werden.

3.2.1 Fugazitätskoeffizienten

Der Fugazitätskoeffizient eines Stoffes hängt vom Druck, der Temperatur und bei Mischungen von der Zusammensetzung der Phase ab. Für eine Zustandsgleichung in druckexpliziter Form lässt sich der Fugazitätskoeffizient generell schreiben als:

$$ln\varphi_i = \frac{1}{RT} \int_V^\infty \left(\left(\frac{\partial P}{\partial n_i}\right)_{T,V,n_{j\neq i}} - \frac{RT}{V} \right) dV - \ln(z) \qquad 3\text{-}19$$

wobei der Kompressibilitätsfaktor z als Verhältnis von Druck P und molarem Volumen v zu allgemeiner Gaskonstante R und Temperatur T definiter ist:

$$z = \frac{Pv}{RT} \qquad 3\text{-}20$$

Zur Berechnung der Fugazitätskoeffizienten in Mischungen bietet sich die Virial-Gleichung an. Abgebrochen nach dem zweiten Glied ist diese einfach analytisch lösbar. Der Fugazitätskoeffizient einer Komponente i in einer Mischung aus m Komponenten ergibt sich damit gemäß Gleichung 3-21:

$$ln\varphi_i = \left(2 \sum_{j=1}^{m} y_i B_{ij} - B_{mix} \right) \frac{P}{RT} \qquad 3\text{-}21\ a$$

mit

$$B_{mix} = \sum_{i=1}^{m} \sum_{j=1}^{m} y_i y_j B_{ij} \qquad \text{3-21 b}$$

wobei B_{ii} den zweiten Virialkoeffizienten der Komponente i, B_{ij} den zweiten Kreuzvirialkoeffizienten der Komponente i mit der Komponente j und B_{mix} den zweiten Virialkoeffizienten der Mischung bezeichnet [33]. Sind für die Virialkoeffizienten keine experimentellen Daten verfügbar, was insbesondere für die Kreuzvirialkoeffizienten häufig der Fall ist, dann können diese mit dem Modell nach Hayden und O'Connell abgeschätzt werden [34]. Dieses benötigt als Inputparameter kritische Temperatur und Druck, Dipolmoment und Trägheitsradius der beteiligten Stoffe.

Daneben existiert eine große Anzahl weiterer Zustandsgleichungen die zur Berechnung der Fugazitätskoeffizienten herangezogen werden können. Eine einfache Herangehensweise stellt die Annahme dar, dass bei einer Zustandsgleichung, welche die einzelnen Reinstoffe adäquat beschreibt, dies auch für die Mischung gilt [33]. Unter dieser Voraussetzung werden keine Wechselwirkungsparameter benötigt. In diesem Fall kann beispielsweise die Zustandsgleichung nach Redlich und Kwong [35] verwendet werden. Diese verknüpft die Zustandsvariablen Druck, Temperatur und Volumen gemäß Gleichung 3-22.

$$P = \frac{RT}{v-b} - \frac{a}{\sqrt{T} v(v+b)} \qquad \text{3-22}$$

Die verwendeten Parameter a_i (mit Kreuz- a_{ij} und Mischungsparameter a)

$$a_i = 0{,}42747 \cdot \frac{R^2 T_{k,i}^{2,5}}{P_{k,i}} \qquad \text{3-23 a}$$

$$a_{ij} = \sqrt{a_i a_j} \qquad \text{3-23 b}$$

$$a = \sum_i \sum_j y_i y_j a_{ij} \qquad \text{3-23 c}$$

sowie b_i (mit dem Mischungsparameter b)

$$b_i = 0{,}086664 \cdot \frac{RT_{k,i}}{P_{k,i}} \qquad \text{3-24 a}$$

$$b = \sum_i y_i b_i \qquad \text{3-24 b}$$

werden direkt aus den kritischen Parametern berechnet. [30] Durch Umformen von Gleichung 3-22 und Einsetzen in Gleichung 3-19 lässt sich der Fugazitätskoeffizient mit Hilfe dieser Parameter berechnen: [36]

$$\ln\varphi_i = \ln\frac{v}{v-b} + \frac{b_i}{v-b} - \frac{2\sum_k y_k a_{ki}}{RT^{\frac{3}{2}}b} \cdot \ln\frac{v+b}{v} - \ln\frac{pv}{RT} \\ + \frac{ab_i}{RT^{\frac{3}{2}}b^2} \cdot \left(\ln\frac{v+b}{v} - \frac{b}{v+b}\right) \qquad \text{3-25}$$

Das Volumen der Mischung v kann durch Umformung von Gleichung 3-22 ermittelt werden.

Die Redlich-Kwong-Gleichung bietet sich für schnelle Abschätzungen an, da als Inputparameter neben Druck und Temperatur nur kritische Temperatur T_k und kritischer Druck P_k der jeweiligen Stoffe benötigt werden. Insbesondere bei höheren Drücken ist es dennoch nötig Erweiterungen hierzu zu verwenden, welche durch zusätzliche Parameter den Wechselwirkungen zwischen den Stoffen Rechnung tragen. Als

Erweiterungen der Redlich-Kwong-Gleichung stehen hierfür die Modifikation nach Soave [37] und die Peng-Robinson-Gleichung [38] zur Verfügung.

3.2.2 Aktivitätskoeffizienten

Der Aktivitätskoeffizient γ_i einer Komponente i lässt sich als Funktion der partiellen molaren Freien Exzessenthalpie $\bar{g}_i^E$ gemäß Gleichung 3-26 schreiben [33].

$$ln\gamma_i = \frac{\bar{g}_i^E}{RT} \qquad \text{3-26}$$

Zur Vorhersage der Aktivitätskoeffizienten muss also ein Ausdruck für $\bar{g}_i^E$ gefunden werden. Die hierfür zur Verfügung stehenden g^E-Modelle lassen sich in zwei Gruppen einteilen: deskriptive und prädiktive g^E-Modelle. Das Non-Random-Two-Liquid-Modell (NRTL) [39] ist ein Beispiel für deskriptive g^E-Modelle bei denen Parameter zur Beschreibung des Systems an experimentelle Daten des Systems angepasst werden. Für viele der im Rahmen dieser Arbeit untersuchten Systeme sind solche Messwerte und Parameter nicht, nur eingeschränkt oder nur in fragwürdiger Qualität verfügbar. In solchen Fällen ist die Verwendung prädiktiver g^E-Modelle nötig, in denen keine an das jeweilige System angepassten Parameter verwendet werden, sondern basierend auf der Molekülstruktur Rückschlüsse auf $\bar{g}_i^E$ und damit auf die Aktivitätskoeffizienten getroffen werden. Das im Rahmen dieser Arbeit primär verwendete prädiktive g^E-Modell ist COSMO-RS [40].

Das Conductor-like Screening Model for Real Solvents COSMO-RS erlaubt die a priori Bestimmung des chemischen Potentials und damit der

Aktivitätskoeffizienten in Mischungen aus theoretisch beliebig vielen Komponenten. Als Ausgangsinformationen werden hierzu nur die molekularen Strukturen der Stoffe benötigt. Das chemische Potential wird daraus mit Hilfe von Methoden aus der statistischen Thermodynamik und der Quantenmechanik vorhergesagt, indem die Ladungsdichteverteilungen an der Moleküloberfläche bestimmt und *in silico* miteinander in Interaktion gebracht werden. Die Berechnungen mit dem Modell COSMO-RS wurden mit Hilfe der Software COSMOthermX (Version C21_0111, COSMOlogic, Leverkusen, Germany) durchgeführt. Die Strukturen der untersuchten Moleküle wurden hierzu im Programm Hyperchem (Version 7.51) gezeichnet und einer Konformeranalyse unterzogen. Die für die COSMO-RS-Rechnung benötigten „cosmo-Files" wurden daraus anschließend mit dem Programmpaket Turbomole (Version 6.2, COSMOlogic, Leverkusen, Deutschland) erstellt. Die verwendeten Einstellungen der Programme sind in Anhang A.4 zusammengestellt.

Darüber hinaus fand das strukturinterpolierende Modell UNIFAC [41] Anwendung, welches in der praktischen Anwendung einen quasi-prädiktiven Charakter hat. Das UNIFAC-Modell ist eine Ableitung des UNIQUAC-Modells [42]. Darin wird der Aktivitätskoeffizient aus einem kombinatorischen $\left(\frac{\bar{g}_i^E}{RT}\right)^C$ und einem residuellen Anteil $\left(\frac{\bar{g}_i^E}{RT}\right)^R$ berechnet.

$$ln\gamma_i = \frac{\bar{g}_i^E}{RT} = \left(\frac{\bar{g}_i^E}{RT}\right)^C + \left(\frac{\bar{g}_i^E}{RT}\right)^R \qquad 3\text{-}27$$

Der kombinatorische Anteil trägt dem Unterschied der Moleküle in Größe und Oberfläche Rechnung und kann als entropischer Beitrag angesehen werden. Der residuelle Anteil erfasst die Wechselwirkung zwischen den

Molekülen und beschreibt den enthalpischen Beitrag zur Freien Exzessenthalpie.

Im Unterschied zum originalen UNIQUAC-Modell werden nicht mehr Parameter für die betrachteten Komponenten selbst verwendet, sondern für die einzelnen Strukturgruppen, welche die jeweiligen Moleküle aufbauen (vergleiche hierzu Kapitel 3.3.1.2). Auf diese Art sind keine Wechselwirkungsparameter für jedes (neue) Stoffsystem nötig, sondern eine Modellierung basierend allein auf der Molekülstruktur wird ermöglicht. Parametern bereits untersuchter Mischungen können so auf neue Mischungen übertragen werden.

3.2.3 Poynting-Faktor

Der Poynting-Faktor Π_{0i} stellt eine Druckkorrektur des Standardzustandes auf den Druck der Mischung dar. Der Poyntingfaktor hängt von der Temperatur T, dem Systemdruck P, dem Dampfdruck P_{0i}^{LV} und dem molaren Volumen der reinen Flüssigkeit v_{0i}^L ab (Gleichung 3-28).

$$\Pi_{0i} = exp\left(\frac{1}{RT} \int_{P_{0i}^{LV}}^{P} v_{0i}^L dp\right) \qquad \text{3-28}$$

Aufgrund der geringen Kompressibilität von Flüssigkeiten kann bei ausreichender Entfernung vom kritischen Punkt ein konstanter, nur von der Temperatur abhängiger, Wert für das Volumen der Flüssigkeit angenommen werden. Gleichung 3-28 vereinfacht sich damit zu Gleichung 3-29. [36]

$$\Pi_{0i} = exp\left(\frac{v_{0i}^L}{RT}(P - P_{0i}^{LV})\right) \qquad \text{3-29}$$

Der Wert des Poynting-Faktors wird wesentlich durch die Differenz zwischen System- und Dampfdruck sowie der Temperatur bestimmt. Ist die Druckdifferenz klein beziehungsweise die Temperatur hoch kann für den Poynting-Faktor näherungsweise ein Wert von 1 angenommen werden. Die Abweichung vom Wert 1 steigt mit steigender Druckdifferenz exponentiell an. Für Ethanol bei 70 °C ergibt sich bei einer Druckdifferenz von 10 bar beispielsweise ein Poynting-Faktor von 1,022. Für Wasser ergibt sich bei gleicher Temperatur und Druckdifferenz aufgrund des kleineren molaren Volumens nur ein Wert von 1,006. [43] Als Faustregel kann der Poynting-Faktor bei Druckdifferenzen kleiner 10 bar vernachlässigt werden. Im Rahmen dieser Arbeit wurde der Poynting-Faktor in der Form von Gleichung 3-29 berechnet.

3.3 Ermittlung von Reinstoffdaten

Die wichtigsten Reinstoffdaten für die a priori Berechnung von Reaktionsgleichgewichten sind die Bildungsenthalpie $\Delta^F h$ und die Bildungsentropie $\Delta^F s$, da sich aus diesen die Freie Bildungsenthalpie $\Delta^F g$ gemäß Gleichung 3-6 berechnen lässt.

$$\Delta^F g = \Delta^F h - T \Delta^F s \qquad \text{3-6}$$

Aus der Freien Bildungsenthalpie kann dann mit Gleichung 3-30 die Freie Reaktionsenthalpie $\Delta^R g$ berechnet werden.

$$\Delta^R g = \sum_i \nu_i \Delta^F g_i \qquad \qquad 3\text{-}30$$

Neben der Bildungsenthalpie und -entropie werden auch die Wärmekapazitäten c_p der Stoffe benötigt, um die Temperaturabhängigkeit der Gleichgewichtslage präzise vorherzusagen. Tritt im Reaktionssystem zusätzlich eine flüssige Phase auf, so werden die Sättigungsdampfdrücke der Reinstoffe sowie die Aktivitäts- und Fugazitätskoeffizienten benötigt, um das Phasengleichgewicht zu beschreiben. Zur Beschreibung der Nicht-Idealität der Gasphase werden, je nach verwendeter Zustandsgleichung, verschiedene andere Stoffdaten wie die kritische Temperatur, der kritische Druck, der azentrische Faktor, der Trägheitsradius oder das Dipolmoment benötigt, um die Fugazitätskoeffizienten zu berechnen.

3.3.1 Bestimmung kalorischer Größen

Für die kalorischen Stoffdaten liegen für etliche Stoffe experimentelle Werte tabelliert vor. Vielfach sind diese Werte jedoch nicht oder nur für manche Stoffgrößen verfügbar. Häufig weisen die experimentellen Daten auch eine beträchtliche Streuung auf. Um diese Lücke zu schließen stehen zwei prinzipielle Ansätze zur Abschätzung zur Verfügung: Gruppenbeitragsmethoden und quantenchemische Rechnungen.

3.3.1.1 Experimentelle Bestimmung

Die Bildungsenthalpie wird experimentell für gewöhnlich mit Hilfe von Verbrennungskalorimetrie bestimmt. Dabei wird eine definierte Menge des jeweiligen Stoffes vollständig oxidiert und die Verbrennungswärme gemessen. Aus der so erhaltenen Verbrennungsenthalpie $\Delta^{comb} h_i$ der

Komponente i lässt sich mit Hilfe des Satzes von Hess die Bildungsenthalpie $\Delta^F h_i$ aus den Bildungsenthalpien $\Delta^F h_j$ der Verbrennungsprodukte j berechnen.

$$\Delta^F h_i = \sum_j v_j \Delta^F h_j - v_{O_2} \Delta^F h_{O_2} - \Delta^{comb} h_i \qquad 3\text{-}31$$

Als Referenzzustand für die Elemente wird dabei die stabilste Modifikation bei Standardbedingungen ($T^+ = 298{,}15$ K; $P^+ = 1{,}01325$ bar) verwendet (für Kohlenstoff beispielsweise Graphit). Als Referenzzustand für die Verbindungen wird, sofern nichts anders angegeben wird, in der Regel die ideale Gasphase bei Standardbedingungen verwendet.

Durch Messung der Temperaturänderung bei Zufuhr einer definierten Menge an Wärme Q an eine definierte Menge des untersuchten Stoffes lässt sich die Wärmekapazität bestimmen (Gleichung 3-32).

$$c_P = \left(\frac{dQ}{n_{Probe} dT} \right)_P \qquad 3\text{-}32$$

Sind die Temperaturabhängigkeit der Wärmekapazität eines Stoffes vom absoluten Nullpunkt ab, sowie die Phasenwechseltemperaturen und -enthalpien bekannt, so kann seine absolute molare Entropie s_i berechnet werden (Gleichung 3-33).

$$s_i = \sum_n \int_{T_{n\text{-}ter\,Phasenwechsel}}^{T_{(n+1)ter\,Phasenwechsel}} \frac{c_{P,i}}{T} dT + \sum_m \frac{\Delta^{Phasenwechsel} h_m}{T_{Phasenwechsel\,m}} \qquad 3\text{-}33$$
$$+ s(T = 0K)$$

Dabei bezeichnet n die einzelnen Phasen, die der Stoff bei der Erwärmung vom absoluten Nullpunkt bis zur betrachteten Temperatur durchläuft und m die Phasenwechsel. Da die Entropie am absoluten Nullpunkt nur für idealkristalline Stoffe gleich null ist (3. Hauptsatz der Thermodynamik) muss im Falle von nicht-ideal kristallisierenden Stoffen der Term s(T = 0K) berücksichtigt werden, der die Entropie am absoluten Nullpunkt infolge der Nicht-Ausbildung eines idealen Kristalls erfasst. Durch Subtraktion der absoluten Entropien der Elemente kann dann aus der absoluten Entropie der Verbindung ihre Bildungsentropie berechnet werden.

3.3.1.2 Gruppenbeitragsmethoden

Bei der Vorhersage von Bildungsgrößen mit Hilfe von Gruppenbeitragsmethoden wird das entsprechende Molekül gedanklich in strukturelle Gruppen aufgeteilt, die jeweils einen additiven Beitrag zur gesuchten Stoffgröße liefern (Abbildung 3-1).

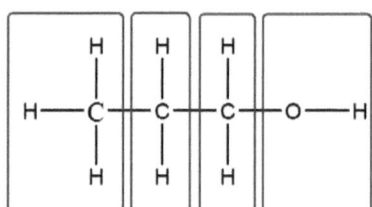

Abbildung 3-1: Veranschaulichung des Gruppenbeitragskonzeptes anhand von 1-Propanol

Die einzelnen Modelle lassen sich in Methoden erster und zweiter Ordnung unterteilen. Bei Methoden erster Ordnung werden jeweils nur die Atomgruppen selbst betrachtet. 1-Propanol setzt sich demnach zusammen aus: 1x –CH_3, 2x –CH_2 und 1x –OH. Eine der bekanntesten Gruppenbeitragsmethoden erster Ordnung, mit der sich unter anderem Bildungseigenschaften vorhersagen lassen, ist die Methode nach Joback und Reid [44]. Daneben existieren noch eine Reihe weiterer Methoden, wie beispielsweise die Methode nach Mavrovouniotis [45]. Die Ergebnisse dieser Vorhersagen besitzen jedoch vielfach keine ausreichende Genauigkeit. So beträgt der durchschnittliche absolute Fehler bei der Vorhersage von Standardbildungsenthalpien mit der Joback-Methode beispielsweise 9,2 kJ/mol [44].

Demgegenüber betrachten Gruppenbeitragsmethoden zweiter Ordnung die Gruppen nicht isoliert, sondern unter Berücksichtigung ihrer unmittelbaren Umgebung im Molekül. 1-Propanol setzt sich damit zusammen aus einer CH_3-Gruppe, die an ein sp^3-hybridisiertes Kohlenstoffatom angrenzt, einer CH_2-Gruppe, die an zwei sp^3-hybridisierte Kohlenstoffatome angrenzt, einer CH_2-Gruppe, die an ein sp^3-hybridisiertes Kohlenstoffatom und ein Sauerstoffatom angrenzt und einer OH-Gruppe, die an ein sp^3-hybridisiertes Kohlenstoffatom angrenzt. Die bekannteste Gruppenbeitragsmethode zweiter Ordnung ist die Methode nach Benson und Buss [46]. Neben der ursprünglichen Benson-Methode existieren eine Reihe weiterer Methoden, die sich vom ursprünglichen Modell nach Benson ableiten. Diese sind teilweise auch in der Lage Bildungseigenschaften in der flüssigen oder festen Phase vorherzusagen [47, 48]. Bei der Anwendung der Benson-Methode oder davon abgeleiteter Modelle müssen bei ringförmigen Molekülen gegebenenfalls weitere Korrekturfaktoren berücksichtigt werden. Bei der Berechnung der Entropie in der idealen Gasphase muss zusätzlich zu den Beiträgen der einzelnen Gruppen noch eine Korrektur für verschiedene Formen von Rotationssymmetrie und strukturelle Isomerie berücksichtigt werden. Methoden zweiter Ordnungen können so deutlich höhere Genauigkeiten bei der Vorhersage erreichen. Der durchschnittliche absolute Fehler bei der Vorhersage von Standardbildungsenthalpien mit der Benson-Methode beträgt nur noch 4,6 kJ/mol [44].

Neben reinen Methoden erster oder zweiter Ordnung existieren auch Mischformen bei denen zunächst die Modellierung erster Ordnung erfolgt und anschließend Korrekturterme 2. Ordnung eingefügt werden [49, 50]. Als Methoden 3. Ordnung werden teilweise Ansätze bezeichnet, welche die Wechselwirkung der Gruppe mit weiter entfernten Gruppen (teilweise auch in anderen Molekülen) berücksichtigen (vergleiche UNIFAC; Kapitel 3.2.2). Diese Methoden dienen häufig nicht der Vorhersage von Reinstoff- sondern von Mischungseigenschaften.

3.3.1.3 Quantenchemische Abschätzung von Stoffdaten

Kalorische Stoffgrößen wie Freie Reaktionsenthalpien und Wärmekapazitäten können auch durch quantenchemische Rechnungen abgeschätzt werden. Hierfür wird zunächst das Molekül über seine Bindungen definiert und durch eine Geometrieoptimierung die relative Position der Atome im Molekül zueinander bestimmt. Anschließend werden die Energien in der eigentlichen quantenchemischen Rechnung bestimmt. Da eine vollständige Lösung der Schrödingergleichung für das Vielelektronensystem größerer Moleküle sehr aufwendig und vielfach überhaupt nicht realisierbar ist, bedient man sich hierfür der Dichtefunktionaltheorie (DFT) als Näherung. Dabei wird basierend auf der Elektronendichte im Grundzustand auf die gesuchten Stoffgrößen geschlossen. Die gesuchten Eigenschaften werden also als Funktionale der Elektronendichte betrachtet [51].

In der vorliegenden Arbeit wurden die Molekülgeometrien mit Hilfe der Software Hyperchem (Release 7.51, Hypercube Inc., USA) erstellt. Die DFT-Rechnungen wurden mit Hilfe des Programmpakets Turbomole (Version 6.2, COSMOlogic, Leverkusen, Deutschland) mit dem Modell B3LYP/def2-TZVPP [52, 53] durchgeführt. Das beschränkte Borel-

Funktionalkalkül und das Tripel-ζ Valenz Basisset mit Polarisation (def2-TZVPP) wurde dabei als Näherung angewendet, um die elektronischen Energien E_{elec} der Komponenten in der Gasphase zu berechnen. Nach Erreichen von Konvergenz der Geometrie wurde eine Vibrations-Frequenz-Analyse durchgeführt. Basierend darauf konnten die molekularen Zustandssummen und damit thermodynamische Größen wie das „chemische Potential" $\mu_{0,i}$ als Funktion von Temperatur und Druck berechnet werden. Damit ist beispielsweise eine Berechnung der Freien Reaktionsenthalpie $\Delta^R g$ möglich (Gleichung 3-34).

$$\Delta^R g = \sum_i \nu_i (E_{elec,i} + \mu_{0,i}) \qquad 3\text{-}34$$

Quantenchemische Rechnungen bieten sich an, wenn keine verlässlichen experimentellen Daten verfügbar sind und Gruppenbeitragsmethoden wegen fehlender Gruppenbeiträge nicht anwendbar sind.

3.3.2 Bestimmung des Dipolmoments

Zur Abschätzung unbekannter Parameter in Zustandsgleichungen wird teilweise das Dipolmoment benötigt (z.B. bei der Abschätzung von Virialkoeffizienten mit dem Modell nach Hayden und O'Connell [34]). Auch bei der Vorhersage von Löslichkeiten spielt das Dipolmoment eine große Rolle. Für diese Stoffgröße sind dennoch häufiger als für anderen Parameter keine experimentellen Werte verfügbar.

Zur Abschätzung des Dipolmoments können neben einer experimentellen Bestimmung beispielsweise quantenchemische [54] oder molekulardynamische [55] Rechnungen dienen. Diese Methoden sind allerdings vielfach sehr aufwendig oder erreichen nur geringe Vorhersagegenauigkeiten. Eine deutlich schnellere Abschätzung ist durch Gruppenbeitragsmethoden möglich. Bisher wurde hierzu allerdings nur eine Methode erster Ordnung von Sheldon *et al.* [56] publiziert. Da Polarität jedoch durch das Angrenzen unterschiedlicher Gruppen entsteht scheint eine Methode erster Ordnung wenig sinnvoll zu sein. Diese Annahme wird durch den relativ großen Fehler des Modells bestätigt.

Aus diesem Grunde wurde das Modell von Sheldon *et al.* im Rahmen dieser Arbeit zu einer Gruppenbeitragsmethode zweiter Ordnung weiterentwickelt. Diese wird in Kapitel 4 näher beschrieben.

3.3.3 Bestimmung weiterer Stoffdaten

Neben den Bildungseigenschaften können auch weitere Stoffdaten für die Berechnung der Gleichgewichtslage nötig, beziehungsweise zur Erhöhung der Vorhersagegenauigkeit hilfreich sein. Die wichtigste nicht-kalorische Stoffgröße für die Modellierung von Reaktionsgleichgewichten ist dabei der Sättigungsdampfdruck der Reinstoffe. Für diesen sind häufig experimentelle Daten in der Literatur gegeben. Die

Temperaturabhängigkeit des Dampfdruckes wird thermodynamisch strikt durch die Clausius-Clapeyron-Gleichung (Gleichung 3-35) beschrieben [57].

$$\frac{dP_{0i}^{LV}}{dT} = \frac{\Delta h^{LV}(T)}{T(v^V - v^L)} \qquad 3\text{-}35$$

Die Temperaturabhängigkeit der Verdampfungsenthalpie $\Delta h^{LV}(T)$ ist in vielen Fällen nicht bekannt beziehungsweise wird erst aus der Temperaturabhängigkeit des Dampfdruckes abgeleitet. Des Weiteren muss ein Referenzdampfdruck bei mindestens einer Temperatur bekannt sein. In der Praxis werden daher in der Regel verschiedene Gleichungen, wie die Antoine-Gleichung (Gleichung 3-36), verwendet, deren drei stoffspezifische Parameter an die experimentellen Messwerte angepasst wurden.

$$\log P_{01}^{LV} = A - \frac{B}{T+C} \qquad 3\text{-}36$$

Sind weder eine experimentelle Temperaturkorrelation noch experimentelle Daten zum Anpassen von Parametern für eine solche Korrelation vorhanden, so existieren einige, wenn auch nur eingeschränkt geeignete Methoden zur Vorhersage. Verschiedene Gruppenbeitragsmethoden bestehen zur Vorhersage des Normalsiedepunkts [44, 50]. Andere Methoden erlauben eine Vorhersage des Anstiegs der Dampfdruckkurve [58]. Dennoch sind Gruppenbeitragsmethoden in der Regel nur schlecht zur Vorhersage von Dampfdruckdaten geeignet. Sind Dampfdrücke bei einzelnen Temperaturen bekannt sollten daher nach

Möglichkeit nur Rechnungen bei diesen Temperaturen ausgeführt werden, um fehlerbehaftete Umrechnungen auf andere Temperaturen zu vermeiden. Um Fugazitätskoeffizienten zur Beschreibung der Nicht-Idealität der Gasphase zu bestimmen, werden Parameter für die Zustandsgleichungen benötigt. Sind diese Parameter nicht verfügbar, besteht die Möglichkeit Virialkoeffizienten mit dem Modell nach Hayden und O'Connell abzuschätzen [34] oder eine Zustandsgleichung zu verwenden, die als Inputparameter nur kritische Parameter der Reinstoffe verwendet [35] (vergleiche Kapitel 3.2). In beiden Fällen werden die kritische Temperatur und der kritische Druck benötigt. Sind hierfür keine experimentellen Daten verfügbar, stehen zu deren Abschätzung ebenfalls einige Gruppenbeitragsmethoden zur Verfügung [44, 50]. Abschätzmethoden für die kritische Temperatur basieren dabei in den meisten Fällen auf der Guldberg-Regel. Diese besagt, dass die kritische Temperatur T_k eines Stoffes etwa 50 bis 55 % größer ist als seine Normalsiedetemperatur T_{Sied}: [59]

$$T_k \approx 1{,}5 \cdot T_{Sied} \qquad \qquad 3\text{-}37$$

Die Gruppenbeitragsmethoden berechnen nicht direkt die kritische Temperatur, sondern werden zu einer genaueren Bestimmung des Guldberg-Faktors verwendet. Zur Ermittlung der kritischen Temperatur mit Hilfe von Gruppenbeitragsmethoden muss also stets die Normalsiedetemperatur bekannt sein. Fehlen auch hierzu Daten, so kann diese ebenfalls mit Gruppenbeitragsmethoden abgeschätzt werden (z.B.: [44] oder [50]). Eine Abschätzung von kritischen Temperaturen basierend auf bereits abgeschätzten Normalsiedetemperaturen ist aufgrund der Fehlerfortpflanzung allerdings äußerst problematisch.

Der azentrische Faktor und das molare Volumen der reinen Flüssigkeit, das bei der Berechnung des Poyntingfaktors benötigt wird, lässt sich mit der Gruppenbeitragsmethode nach Constantinou *et al.* abschätzen [60]. Werte aus Gruppenbeitragsmethoden, die sich nicht auf kalorische Stoffgrößen oder das Volumen beziehen, sollten jedoch stets kritisch gesehen werden, da diese Größen nicht additiv sind und die Qualität der Vorhersagen daher häufig sehr eingeschränkt ist.

3.4 Bewertung der Vorhersagequalität von Abschätzmethoden

Bei der Entwicklung von Vorhersagemodellen für Stoffdaten ist es notwendig ihren Fehler zu quantifizieren, um die Vorhersagequalität bewerten und vergleichen zu können. Werden für die zu entwickelnde Vorhersagemethode Parameter an experimentelle Werte angepasst, so dürfen zum Testen nicht die experimentellen Werte herangezogen werden an die die Parameter angepasst wurden. Stattdessen müssen die experimentellen Werte von nicht an der Parameteranpassung beteiligten Stoffen mit den vorhergesagten Werten verglichen werden. Zu diesem Zweck werden die zur Verfügung stehenden Daten zu Beginn in eine Datenbasis und eine Kontrollgruppe eingeteilt. Die Werte der Datenbasis werden zum Anpassen der Parameter verwendet. Die Werte der Kontrollgruppe dienen zur Bewertung der Vorhersagequalität. Im Rahmen dieser Arbeit wurden 10 % der zur Verfügung stehenden experimentellen Werte der Kontrollgruppe zugeordnet.

Das wichtigste Fehlermaß zur Beurteilung von Vorhersagequalitäten ist die Wurzel des mittleren quadratischen Fehlers (RMSD, root mean square deviation):

$$RMSD = \sqrt{\frac{\sum_{i=1}^{n}(X_{experimentell,i} - X_{modelliert,i})^2}{n}} \qquad 3\text{-}38$$

mit X als betrachteter Größe und n als Anzahl der untersuchten Stoffe. Als weitere Fehlermaße wurden der mittlere, absolute Relativfehler (AAPE, average absolute percentage error; Gleichung 3-39) und der mittlere Absolutfehler (AAE, average absolute error; Gleichung 3-40) verwendet.

$$AAPE = \frac{1}{n} \cdot \sum_{i=1}^{n} \frac{|X_{experimentell,i} - X_{modelliert,i}|}{X_{experimentell,i}} \cdot 100\% \qquad 3\text{-}39$$

$$AAE = \frac{\sum_{i=1}^{n}|X_{experimentell,i} - X_{modelliert,i}|}{n} \qquad 3\text{-}40$$

Für den AAPE dürfen nur Stoffe mit einem experimentellen Wert ungleich null berücksichtigt werden, um Division durch null zu vermeiden.

Der AAE ist dabei das einzige Fehlermaß, das alle Einzelfehler gleich gewichtet. In den RMSD gehen große Einzelfehler überproportional stark ein, während kleinere Einzelfehler kaum ins Gewicht fallen. Der AAPE gewichtet Einzelfehler bei Stoffen mit einem kleinen experimentellen Wert deutlich stärker als solche bei Stoffen mit hohem experimentellem Wert.

In den folgenden Kapiteln wird zunächst die im Rahmen dieser Arbeit entwickelte Vorhersagemethode für das Dipolmoment beschrieben und diskutiert. Anschließend werden die Ergebnisse der Untersuchungen der Gleichgewichtslagen von CO_2-Nutzungsreaktionen und Ansätze zur Verbesserung der Verfahren sowie zu deren Bewertung vorgestellt.

4 Entwickelte Vorhersagemethode für das Dipolmoment

Permanente Dipole entstehen durch die Nachbarschaft von unterschiedlich stark elektronegativen Atomen. Das Vorhandensein stark elektronenliefernder oder -ziehender Gruppen in einem Molekül ist ein Hinweis auf ein hohes Dipolmoment. Dementsprechend liegt es nahe, dass Gruppenbeitragsmethoden prinzipiell geeignete Werkzeuge zur Vorhersage dieser Größe sind. Da aber die elektronenliefernden und -ziehenden Gruppen nicht alleine für die Polarität verantwortlich sind, sondern ihre intramolekulare Interaktion entscheidend ist, scheinen Gruppen erster Ordnung hierfür nur bedingt geeignet. Das Modell nach Sheldon *et al.* [56] wurde daher im Rahmen der vorliegenden Arbeit zu einer Gruppenbeitragsmethode zweiter Ordnung ausgebaut. Damit wird dem Umstand Rechnung getragen, dass permanente Dipole nicht durch einzelne Gruppen, sondern durch das Angrenzen unterschiedlicher Gruppen verursacht werden.

Eine weiterführende Darstellung der Ergebnisse ist in einer separaten Publikation erfolgt. [61]

4.1 Datenbasis und Kontrollgruppe

Die Parameter wurden an experimentelle Stoffdaten für 233 Komponenten angepasst. Eine Liste der untersuchten Stoffe zusammen mit den experimentellen und berechneten Werten ist im Anhang in Tabelle A-15 für die Datenbasis und in Tabelle A-16 für die Kontrollgruppe gegeben. Die verschiedenen Gruppen kamen dabei in unterschiedlich vielen Komponenten vor. So trat die CH_3-(C) Gruppe in insgesamt 114 Stoffen der Datenbasis auf, die CH_3-(O) Gruppe dagegen nur in 10 Stoffen. Gruppen, die nur in einer einzigen Komponente der Datenbasis vorkamen wurden aus der Liste entfernt, da eine zuverlässige Parameteranpassung in diesen Fällen nicht sichergestellt werden konnte.

Um die Qualität der Vorhersage beurteilen zu können, wurde eine Kontrollgruppe aus 26 weiteren Stoffen ausgewählt, die nicht Teil der Datenbasis wurden. Die Elemente der Kontrollgruppe wurden so ausgewählt, dass alle wichtigen Stoffgruppen vertreten sind und ein breites Spektrum an Molekülgrößen vorkommt. Eine Übersicht über die Häufigkeit der verschiedenen Stoffgruppen in der Datenbasis und der Kontrollgruppe kann Tabelle 4-1 entnommen werden.

Tabelle 4-1: Häufigkeit verschiedener Stoffklassen

	Datenbasis	**Kontrollgruppe**
Alkane/Alkene	38	2
Aromaten	24	1
Carbonsäuren	21	2
Ester	23	4
Ether	8	1
sonstige O-haltige	41	13
Halogenhaltige	44	1
Aminverbindungen	23	1
Nitroverbindungen	11	1

Das Dipolmoment der Stoffe in der Datenbasis bewegte sich in einem Bereich von 0 bis 5,486 Debye mit einem arithmetischen Mittel von 1,4 Debye. Die relative Häufigkeit der Dipolmomente unter den Stoffen der beiden Gruppen ist in Abbildung 4-1 dargestellt.

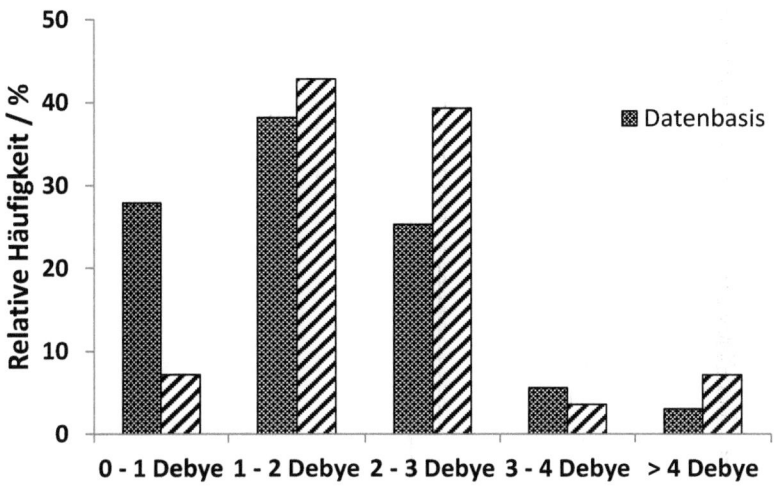

Abbildung 4-1: Verteilung des Dipolmoments der untersuchten Stoffe

Die Anzahl der Gruppen im Molekül deckte einen Bereich von 2 bis 18 ab, wobei der Modalwert bei 5 Gruppen lag.

4.2 Die Methode

Gruppenbeitragsmethoden sind in der Regel geeignete Hilfsmittel um energetische Größen zu bestimmen, da diese in hohem Maße additiv sind. Die Vorhersagequalität für nicht-energetische Größen ist dagegen in der Regel gering. Auch für Größen wie beispielsweise den Dampfdruck [44, 50, 58] oder die Dichte [60] gibt es Gruppenbeitragsmethoden. Die Vorhersagequalität ist aber vielfach deutlich geringer als es bei energetischen Größen der Fall ist. Da das Dipolmoment keine energetische Größe ist, ist seine direkte Bestimmung mit Gruppenbeitragsmethoden wenig sinnvoll. Bei sämtlichen Versuchen mit Bestimmungsgleichungen für eine reine Gruppenbeitragsmethode wurden dementsprechend nur geringe Qualitäten der Vorhersage erreicht. Aus diesem Grunde ist eine Korrelation des Dipolmoments mit energetischen Größen, die mittels

Gruppenbeiträgen vorhergesagt werden, und nicht-energetischen Größen, die bekannt sein müssen, naheliegend. Aus der Literatur ist bekannt, dass das Dipolmoment mit der kohäsiven Energiedichte δ und dem molaren Volumen v korreliert werden kann [62]. Es liegt daher nahe als Grundform für die Berechnung des Dipolmoments µ ein Potenzprodukt dieser beiden Größen zu verwenden (Gleichung 4-1).

$$\mu = a \cdot \delta^b \cdot v^c \qquad \text{4-1}$$

Die Einheit des Dipolmoments in Gleichung 4-1 ist Debye (1 D = 3,33564 · 10⁻³⁰ Cm). Die kohäsive Energiedichte wird aus den Gruppenbeiträgen gemäß Gleichung 4-2 ermittelt.

$$\delta = \sum_i n_i B_i \qquad \text{4-2}$$

wobei n_i die Häufigkeit der Gruppe i im betrachteten Molekül und B_i ihren Gruppenbeitrag darstellt. Die Parameter wurden mit der Methode der kleinsten Quadrate unter Verwendung eines Levenberg-Marquardt-Algorithmus [63] an die experimentellen Daten angepasst. Die Parameter a, b und c in Gleichung 4-1 wurden im Anschluss an die Gruppenbeiträge ebenfalls über eine Minimierung der Fehlerquadrate angepasst. Diese Prozedur wurde wiederholt bis Konvergenz erreicht wurde.

Nach Anpassung an experimentelle Daten ergaben sich folgende Werte:

$$a = 0{,}076 \; \frac{D \, cm^{1{,}326}}{mol^{0{,}133} \, J^{0{,}309}}$$

$$b = 0{,}309$$

c = -0,133.

Werte für die Gruppenbeiträge können Tabelle 4-2 entnommen werden. Der in Klammern stehende Ausdruck bezeichnet das nächste angrenzende Atom. C= steht für ein sp^2-hybridisiertes Kohlenstoffatom außerhalb eines aromatischen Systems, aC für ein sp^2-hybridisiertes Kohlenstoffatom in einem aromatischen Ringsystem, X bezeichnet ein Halogen, Y bezeichnet ein weiteres angrenzendes Halogenatom, das nicht mit dem anderen angrenzenden Halogenatom identisch ist.

Zusätzlich zu den Beiträgen für funktionelle Gruppen wurden auch noch Korrekturterme für verschiedene Konstitutionsformen eingeführt. Darüber hinaus wurde auch die Einführung von weiteren Korrekturfaktoren geprüft, die der Stoffgruppe oder Molekülgröße Rechnung tragen. Einige Varianten für diese Korrekturfaktoren führten zwar zu einer besseren Wiedergabe in der Datenbasis, die Vorhersagequalität in der Kontrollgruppe nahm jedoch stets ab. Daher wurden keine solchen Korrekturfaktoren in das fertige Modell eingefügt.

In einigen Fällen ist es sinnvoll das Dipolmoment zu null zu setzen anstatt es mit Gleichung 4-1 zu modellieren. Dies gilt zum einen für n-Alkane und vollständig mit demselben Halogenatom substituierte n-Alkane, da diese generell unpolar sind. Daneben tritt eine Ladungstrennung, was die Voraussetzung für Polarität ist, nicht bei Molekülen auf, die gewisse „symmetrieähnliche Eigenschaften" aufweisen, weshalb ebenfalls eine Nullsetzung vorgenommen wird. Dies betrifft zum einen planare Moleküle, die durch Rotation in der Molekülebene in mindestens zwei ununterscheidbare Formen gebracht werden können (z.B. p-Dichlorbenzol, 1,3,5-Trichlorbenzol oder trans-1,2-Dichlorethen). Ferner muss eine Nullsetzung auch bei nicht-planaren Molekülen erfolgen, wenn durch Rotation um mindestens zwei Achsen mindestens zwei ununterscheidbare

Formen entstehen (z.B. 2,2-Dimethylpropan, nicht aber Isobutan, da hier nur durch Rotation um eine Achse ununterscheidbare Formen entstehen).

Tabelle 4-2: Gruppenbeiträge für die Berechnung des Dipolmoments in J/mol

Gruppe	Beitrag	Gruppe	Beitrag	Gruppe	Beitrag
CH$_3$-Gruppen		**Ungesättigte Gruppen**		**Carbonyl-Gruppen**	
CH$_3$-(C)	0.0	=CH$_2$	26.8	CHO-(C)	453898.3
CH$_3$-(C=)	5388.0	=CH-(C)	-8697.7	CHO-(C=)	1027492.8
CH$_3$-(aC)	327778.7	=CH-(C=)	-3336.4	CHO-(O)	237963.6
CH$_3$-(O)	-13820.7	=CH-(O)	18357.7	CO-(2C)	833743.0
CH$_3$-(CO)	24657.5	=CH-(CO)	129809.8	CO-(C,O)	198667.5
CH$_3$-(N)	-1065.8	=CH-(X)	-52005.2	CO-(=C,O)	326445.4
CH$_2$-Gruppen		=C-(C,CO)	-8170.3	CO-(aC,O)	677211.4
CH$_2$-(2C)	-50.7	=C-(2C)	-7181.2	CO-(2O)	385693.2
CH$_2$-	1039.6	=C-(2X)	31151.7	COOH-(C)	100538.8
CH$_2$-(C,aC)	327779.4	**Aromatische Gruppen**		COOH-	125403.9
CH$_2$-(C,O)	5850.7	aCH	-3585.6	COOH-	311033.6
CH$_2$-	77340.0	aC-(C)	-329254.1	**N-Gruppen**	
CH$_2$-(C,N)	-21105.9	aC-(aC)	8965.1	NH$_2$-(C)	78202.5
CH$_2$-(C,X)	60877.3	aC-(O)	51335.4	NH$_2$-(aC)	-39199.4
CH$_2$-	4329.2	aC-(CO)	-97362.1	NH-(2C)	-112258.7
CH-Gruppen		aC-(N)	215336.2	NO$_2$-(C)	1722454.9
CH-(3C)	23.4	**O-Gruppen**		NO$_2$-(aC)	1137898.8
CH-(2C,O)	-4447.7	OH-(C)	266210.1	**Korrekturen**	
CH-	-26921.9	OH-(aC)	134566.6	3-Ring	152.2
CH-(2C,N)	9375.9	O-(2C)	64572.5	5-Ring	179.4
CH-(2C,X)	65030.4	O-(C,=C)	44024.9	6-Ring	-3990.5
CH-(C,2X)	-103426.2	O-(C,CO)	18657.9	Heterocycl	390453.5
CH-	338105.0	**Halogengruppen**		cis	7473.9
C-Gruppen		F-(C)	166965.9	trans	6619.0
C-(4C)	50.7	F-(=C)	80312.6	ortho	24890.2
C-(3C,O)	-42084.6	Cl-(C)	127016.6	meta	18311.1
C-(C,2X,Y)	-757036.8	Cl-(C=)	-43397.4	para	17291.8
C-(C,3X)	-500897.4	Br-(C)	100304.2		

4.3 Vorhersagequalität und Vergleich mit anderen Methoden

Die Fehlermaße für die bestehende und die überarbeitete Methode sind in Tabelle 4-3 zusammengefasst.

Tabelle 4-3: Fehler bei der Vorhersage des Dipolmoments in der Kontrollgruppe

	RMSD in D	AAPE in %	AAE in D
Sheldon *et al.*	0,99	26,0	0,57
Überarbeitete Methode	0,74	15,1	0,41

Sheldon *et al.* weist keine Kontrollgruppe aus und gibt auch keinen Fehler für eine solche Gruppe an. Der RMSD der neuen Methode in der Kontrollgruppe liegt um 38 % über dem in der Datenbasis. Da davon auszugehen ist, dass ein beträchtlicher Teil der Stoffe in der Kontrollgruppe Teil der Datenbasis von Sheldon *et al.* waren, dürfte der tatsächliche Fehler bei der Vorhersage von Dipolmomenten neuer Stoffe mit dem alten Modell beträchtlich höher sein.

Die Abweichung der Vorhersage von den experimentellen Daten ist in Abbildung 4-2 für die Komponenten der Datenbasis und in Abbildung 4-3 für die Komponenten der Kontrollgruppe als Parity Plot visualisiert.

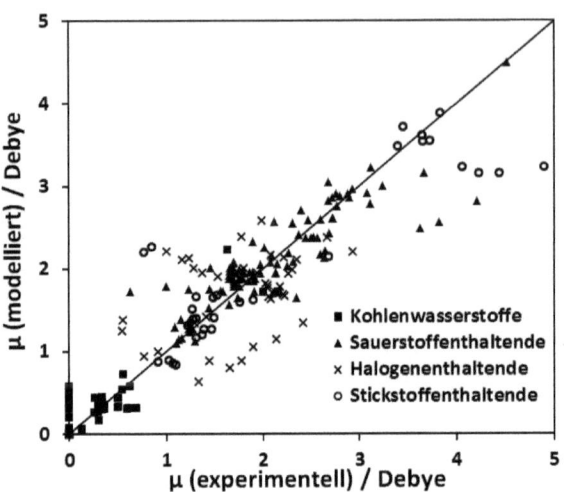

Abbildung 4-2: Auftragung der modellierten über die experimentellen Dipolmomente für die Datenbasis

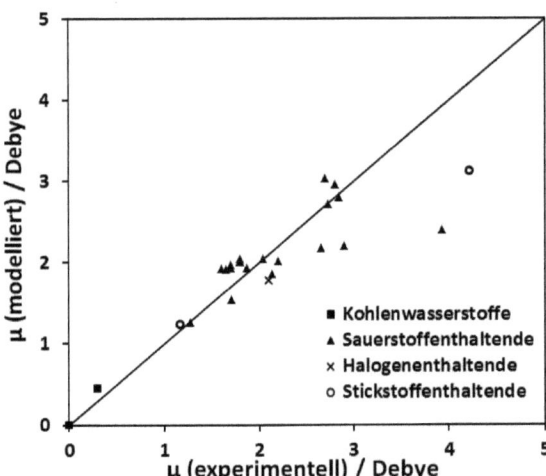

Abbildung 4-3: Auftragung der modellierten über die experimentellen Dipolmomente für die Kontrollgruppe

Die größten Abweichungen können dabei Stoffen mit mehreren stark elektronenliefernden Substituenten an verschiedenen Stellen des Moleküls zugeordnet werden. Bei den sauerstoffhaltigen Verbindungen betrifft dies vor allem Di- und Triole. Daneben treten auch bei einigen Säuren (Benzoe- und Isovaleriansäure) größere Fehler auf. Bei mehrfachhalogenierten Verbindungen betrifft dies insbesondere solche bei denen die Halogenatome an verschiedenen Kohlenstoffatomen substituiert sind, während mehrfachhalogenierte, bei denen die Substitution nur an einem Kohlenstoffatom erfolgt, deutlich besser wiedergegeben werden.

Der Effekt lässt sich gut an Diethylamin und Diethanolamin erkennen. Beide Verbindungen sind sich strukturell sehr ähnlich und durchschnittlich polar (0,92 D bzw. 0,85 D). Während das Erste nur eine stark elektronenziehende Gruppe besitzt (NH-(2C)), sind im Letzteren drei solche Gruppen vorhanden (NH-(2C), sowie zweimal OH-(C)). Der Absolutfehler für Diethylamin ist mit 0,04 D sehr gering, während die Wiedergabe von Diethanolamin mit einem Fehler von 1,41 D eine der schlechtesten unter allen untersuchten Stoffen darstellt.

Die neu entwickelte Methode ist auch zur Vorhersage deutlich höherer Dipolmomente geeignet als es beim Modell von Sheldon *et al.* der Fall ist. Erst ab etwa 3,5 D tritt eine deutliche Unterschätzung auf. Dipolmomente zwischen 0 und 1 D werden erheblich besser vorhergesagt als mit der bestehenden Methode.

Die Zahl der Gruppen in einem Molekül besitzt keinen erkennbaren Einfluss auf die Vorhersagegenauigkeit. Daher kann geschlossen werden, dass die hier vorgeschlagene Methode, zumindest im untersuchten Größenbereich bis 18 Gruppen, unabhängig von der Molekülgröße anwendbar ist.

Die Vorhersagequalität bewegt sich in einer ähnlichen Größenordnung wie bei quantenchemischen Methoden. Die beispielsweise von Tasi *et al.* [54] für C_4-Kohlenwasserstoffe angegebenen Werte sind den Ergebnissen mit der vorgeschlagenen Gruppenbeitragsmethode sehr ähnlich. Bei Isobutan ist die quantenchemische Methode geringfügig besser, während bei Isobuten die Gruppenbeitragsmethode zu etwas besseren Ergebnissen führt. Bei cis-2-Buten ist die Vorhersage annähernd gleich gut. Der entscheidende Vorteil der Gruppenbeitragsmethode gegenüber dem quantenchemischen Modell ist indes die Einfachheit und schnelle Anwendbarkeit verglichen mit den aufwendigen und zeitintensiven quantenchemischen Ansätzen.

5 Gleichgewichtslagen potentieller CO₂-Nutzungsreaktionen

Die Freie Reaktionsenthalpie als thermodynamische Triebkraft ist für die Gleichgewichtslage von großer Bedeutung und wird von den Freien Bildungsenthalpien der Edukte und Produkte bestimmt. Da verschiedene Reaktionspartner und Produkte für CO_2 denkbar sind, lässt sich keine generelle Aussage über die thermodynamische Triebkraft von CO_2-Nutzungsreaktionen treffen. Jedoch ist sie aufgrund der im Vergleich zu anderen Stoffen sehr niedrigen Freien Bildungsenthalpie des CO_2 (vergleiche Abbildung 5-1) für Reaktionen mit CO_2 als Edukt in der Regel sehr klein.

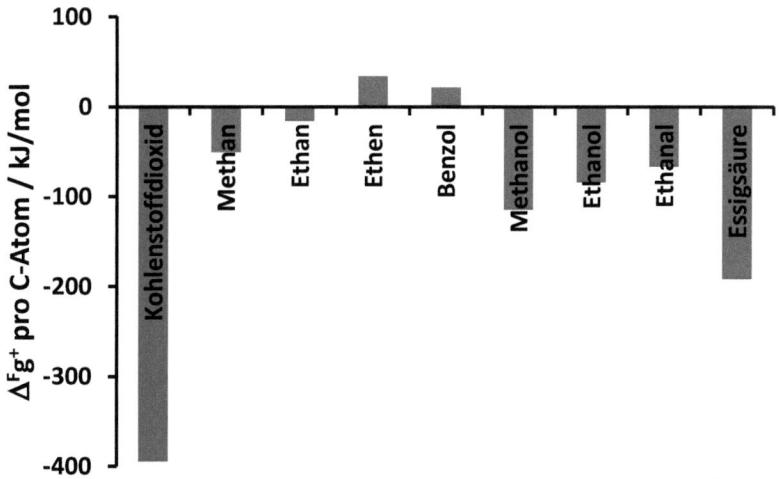

Abbildung 5-1: Freie Bildungsenthalpie pro C-Atom für verschiedene Stoffe

Die hohe Stabilität des CO_2 ist sowohl enthalpisch als auch entropisch begründet. Als höchstoxidierte Form des Kohlenstoffs ist der Energieinhalt von CO_2 sehr niedrig und sehr viel Energie muss aufgewandt werden, um es chemisch umzusetzen. Mit einer Bildungsentropie von +2,91 kJ/mol ist

CO₂ zusätzlich einer der wenigen Stoffe mit positiver Bildungsentropie, d.h. die Entropie von CO₂ ist größer als die der es bildenden Elemente. Die Entropiezunahme ist daher bei CO₂-Nutzungsreaktionen häufig sehr klein. Aufgrund der hohen Stabilität des CO₂ liegt die Gleichgewichtslage von CO₂-Nutzungsreaktionen bei gemäßigten Temperaturen vielfach weit auf der Seite der Edukte. Eine Untersuchung der Gleichgewichtslage ist daher zu empfehlen bevor weitere Arbeitsschritte in der Entwicklung unternommen werden.

Die angegebenen Reaktionsenthalpien $\Delta^R h$ und Freien Reaktionsenthalpien $\Delta^R g$ wurden aus den entsprechenden Bildungsgrößen berechnet. Die Bildungsgrößen und weitere benötigte Daten für die wichtigsten Stoffe finden sich in Anhang A.1.

5.1 Herstellung von Kohlenwasserstoffen

Kohlenstoffdioxid lässt sich mit Wasserstoff zu verschiedenen Kohlenwasserstoffen umsetzen. Die Umsetzung zu Methan ist unter dem Begriff Sabatier-Reaktion [64, 65] bekannt:

$$CO_2 + 4\,H_2 \rightleftharpoons CH_4 + 2\,H_2O \qquad \text{5-1}$$

Die Umsetzung zu langkettigen Kohlenwasserstoffen ist unter dem Namen Fischer-Tropsch-Synthese [66] bekannt. Fischer-Tropsch-Reaktoren werden in der Regel nicht mit CO₂ als Ausgangsstoff betrieben, so dass eine vorgeschaltete Wassergas-Shift-Reaktion notwendig ist:

$$CO + H_2O \rightleftharpoons CO_2 + H_2 \qquad \text{2-2}$$

$$n\,CO + (2n + 1)H_2 \rightleftharpoons C_nH_{2n+2} + n\,H_2O \qquad 5\text{-}2$$

Die Bildung von kurzkettigen Kohlenstoffen aus Kohlenstoffdioxid und Wasserstoff ist thermodynamisch sehr günstig ($\Delta^R g$ = -113,6 kJ/mol für die Sabatier-Reaktion) und stark exotherm ($\Delta^R h$ = -165,0 kJ/mol für die Sabatier-Reaktion), auch wenn der Wassergas-Shift-Schritt *in-situ* ausgeführt wird. Mit zunehmender Kettenlänge wird die Reaktion hingegen schnell thermodynamisch ungünstig und endotherm. Würde der Wassergas-Shift-Schritt „ausgelagert", das heißt in einem extra Reaktor vorher ausgeführt, dann wäre die thermodynamische Triebkraft etwas größer, der Verlauf aber ähnlich.

In Abbildung 5-2 sind die Reaktionsenthalpie und die Freie Reaktionsenthalpie bei Standardbedingungen für die Bildung von aliphatischen Kohlenwasserstoffen aus Kohlenstoffdioxid und Wasserstoff dividiert durch die Kettenlänge n dargestellt. Die Reaktionsenthalpien pro mol eingesetztes CO_2 nehmen schnell ab, laufen aber bald in eine Sättigung bei etwa +155 kJ/mol-CO_2 für die Freie Reaktionsenthalpie und etwa +110 kJ/mol-CO_2 für die Reaktionsenthalpie.

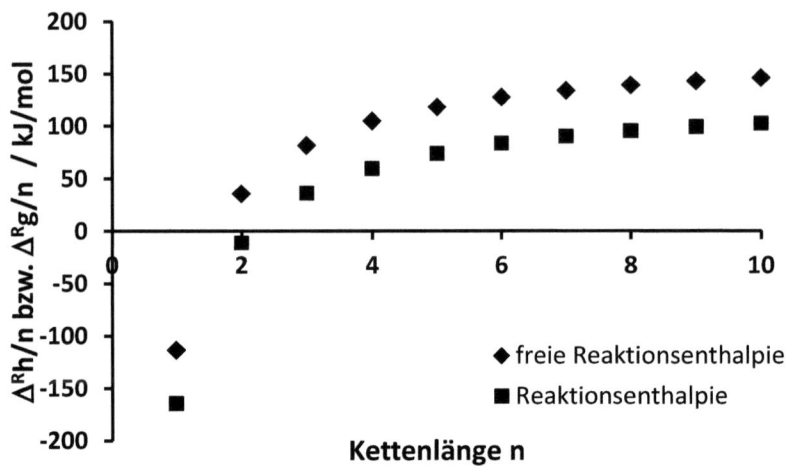

Abbildung 5-2: Reaktionsenthalpien bezogen auf die Kettenlänge für die n-Alkansynthese

Die Herstellung von Methan ist bei nicht zu hohen Temperaturen daher nicht durch das Reaktionsgleichgewicht limitiert. Aufgrund der Exothermie verschiebt sich das Gleichgewicht mit steigender Temperatur zu den Edukten (Abbildung 5-3).

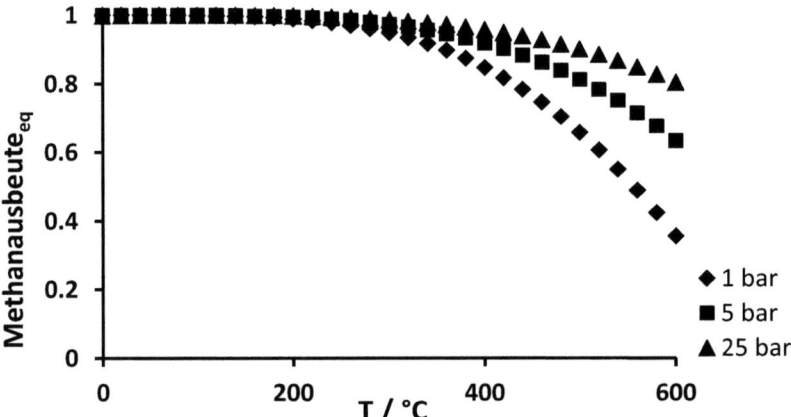

Abbildung 5-3: Gleichgewichtsausbeute an Methan als Funktion der Temperatur

Methanisierungsreaktoren werden in der Regel bei Temperaturen zwischen 180 und 350 °C und erhöhten Drücken betrieben. [67] In diesem Bereich besteht, wie aus Abbildung 5-3 ersichtlich ist, keine nennenswerte Limitierung der Reaktion.

Bei längerkettigen Kohlenwasserstoffen ist die Angabe einer Gleichgewichtslage nicht sinnvoll, da Fischer-Tropsch-Produkte in der Praxis immer Mischungen aus einer großen Zahl von Kohlenwasserstoffen sind. Die große Zahl an entstehenden Produkten bei der Fischer-Tropsch-Synthese und die damit zusammenhängende Entropie begünstigen die Reaktion aus thermodynamischer Sicht. Die sehr hohen Werte der Freien Reaktionsenthalpie bei höheren Kohlenwasserstoffen werden dadurch teilweise wieder kompensiert. Die Herstellung langkettiger Kohlenwasserstoffe ist deshalb gegenüber der Sabatierreaktion thermodynamisch zwar deutlich erschwert, aber durchaus möglich.

Die Möglichkeit der Nutzung des Sabatier-Prozesses zur Speicherung elektrischer Energie in Form von Methan wurde in einer separaten Publikation untersucht. [68] Die Strom-zu-Strom-Wirkungsgrade liegen dabei, je nach verwendeter Rückverstromungstechnologie, zwischen 18 und 28 %.

5.2 Carboxylierungsreaktionen

Carboxylierungen von Kohlenwasserstoffen stellen eine prinzipielle Möglichkeit für CO_2-Nutzungsreaktionen dar. Dabei reagiert CO_2 mit einem Kohlenwasserstoff unter Bildung einer Carbonsäure.

$$CO_2 + C_xH_y \rightleftharpoons C_xH_{y-1}\text{-COOH} \qquad 5\text{-}3$$

Im Rahmen des Forschungsprojektes wurde ein Fokus auf die Synthese von Acryl- und Methacrylsäure gelegt, da diese große Marktpotentiale besitzen und bereits im Megatonnenmaßstab in der Industrie eingesetzt werden.

5.2.1 Herstellung von Acryl- und Methacrylsäure

Die Herstellung von Acrylsäure aus Kohlenstoffdioxid wird bereits in einer Patentschrift aus dem Jahre 1932 beschrieben [69]. Darin wird behauptet, dass eine stöchiometrische Mischung aus Ethen und Kohlenstoffdioxid über Kieselgel bei Temperaturen zwischen 200 und 350 °C mit Ausbeuten von bis zu 10 % zu Acrylsäure reagieren könne. In der katalytischen Literatur findet sich eine große Anzahl von Publikationen, die diese Reaktion behandeln ohne auf ihre Thermodynamik einzugehen [70, 71]. Aresta *et al.* [72] schreibt, ohne weitere Begründung und Konkretisierung der Aussage, dass die Reaktion thermodynamisch realisierbar sei. Graham *et al.* [73] hingegen weist darauf hin, dass die Reaktion aufgrund der Gleichgewichtslage stark limitiert sein müsse und Acrylsäure nur in Mengen unterhalb der Nachweisgrenze gebildet werden dürfte.

Mit einer Freien Reaktionsenthalpie von $\Delta^R g^+ = +40{,}2$ kJ/mol ist die thermodynamische Triebkraft der Reaktion sehr gering und die Gleichgewichtskonstante damit sehr niedrig. Aufgrund der nur geringen Endothermie ($\Delta^R h^+ = +5{,}0$ kJ/mol) verbessert sich die Gleichgewichtskonstante nur geringfügig mit steigender Temperatur. Bei 298,15 K und 1 bar kann mit einer stöchiometrischen Ausgangsmischung nur ein Gleichgewichtsumsatz von etwa $4{,}6 \cdot 10^{-6}$ % erreicht werden. Aufgrund der Stöchiometrie wirkt sich erhöhter Druck positiv auf den Gleichgewichtsumsatz aus. Trotzdem kann selbst bei einem Druck von

200 bar und 298,15 K nur ein Gleichgewichtsumsatz von 0,36 % erreicht werden.

Acrylsäure neigt zur Bildung von Dimeren durch Ausbildung von Wasserstoffbrückenbindungen [74]. Aufgrund der sehr geringen Umsätze und der daraus resultierenden kleinen Konzentrationen an Acrylsäure findet bei der Carboxylierung von Ethen nahezu keine Dimerisierung der entstehenden Acrylsäure statt. Die Dimerbildung steigt mit zunehmendem Gesamtdruck an, erreicht aber auch bei einem Druck von 200 bar nur marginalen Umfang. Die Dimerisierung hat daher keine signifikante Auswirkung auf die Gleichgewichtslage der Reaktion.

Die Aussagen zur Gleichgewichtslage bei der Synthese von Acrylsäure gelten analog für die Herstellung von Methacrylsäure aus Propen und Kohlenstoffdioxid. Die Reaktion besitzt eine noch etwas geringere thermodynamische Triebkraft ($\Delta^R g^+ = +44,6$ kJ/mol) und weist mit $\Delta^R h^+ = +5,9$ kJ/mol nahezu die gleiche Wärmetönung auf. Daher ist die direkte Synthese von Methacrylsäure aus Kohlenstoffdioxid und Propen aus thermodynamischer Sicht nicht realisierbar.

Auch hierzu existieren Publikationen, die von deutlich höheren Umsätzen sprechen. Wang und Zhong [75] berichten beispielsweise, dass bei 290 °C, 10 bar und n(CO_2) / n(Propen) = 2 ein Propenumsatz von 2,6 % über $NiPMo_{12}$-Katalysatoren gemessen wurde. Untersuchungen der Katalysatoren stützen jedoch die Annahme, dass diese Umsätze neben den thermodynamischen auch aus katalytischen Gründen nicht erreichbar sind. [76]

Um die Synthese von Acryl- oder Methacrylsäure aus CO_2 dennoch zu realisieren, ist eine Entfernung des Produktes aus dem Reaktionsgemisch unabdingbar. Aufgrund der sehr geringen Ausbeuten und der infolge dessen sehr großen Rückführungen, müsste eine solche Entfernung *in-situ* erfolgen. Adsorption hat dabei den Nachteil, dass das Adsorbens kontinuierlich aus dem Reaktor abgeführt und regeneriert werden muss (oder alternativ Parallelreaktoren eingesetzt werden müssten). Bei der Desorption besteht zudem die Gefahr der Rückreaktion, da die Desorption bei hohen Temperaturen in Gegenwart des Katalysators erfolgt. Aufgrund dieser Schwierigkeiten bietet sich eher die Entfernung der freien Säure durch die Bildung eines Folgeproduktes an. Prinzipiell in Frage kommen hierfür die Neutralisation mit einer Brønsted–Base oder die Veresterung mit einem Alkohol.

Basen in wässriger Lösung scheiden aus, da sich in einer stark CO_2-haltigen, unter Druck stehenden Atmosphäre in erster Linie Carbonate bilden würden. Der Einsatz von Ammoniak, welches mit der Acrylsäure zu Ammoniumacrylat reagieren würde, bietet sich daher an. Die Bildung des festen Salzes aus der Gasphasenreaktion würde jedoch beträchtliche verfahrenstechnische Probleme nach sich ziehen. Des Weiteren müsste die Bildung von Harnstoff berücksichtigt werden.

Bei der Veresterung tritt keine Bildung fester Produkte auf. Je nach Prozessführung kann auch die Bildung einer Flüssigphase unterbunden werden. Die thermodynamische Triebkraft, und damit die Gleichgewichtslage, ist weitgehend unabhängig vom eingesetzten Alkohol. Aufgrund der geringen molaren Masse und der guten Verwendbarkeit des Produktes bietet sich hierfür die Verwendung von Methanol an. Die erzielbare Gleichgewichtsausbeute an Acrylsäuremethylester für eine stöchiometrische Mischung aus Ethen, CO_2 und Methanol ist in Abbildung 5-4 dargestellt. Der darin mit L gekennzeichnete Temperaturbereich bezeichnet den Bereich vollständiger Verflüssigung des Systems, der mit V gekennzeichnete den Bereich vollständiger Verdampfung. Das zweiphasige Übergangsgebiet ist mit L + V gekennzeichnet. Die Temperaturgrenzen zwischen den Bereichen hängen vom Systemdruck ab. Eingezeichnet sind die Grenzen bei einem Druck von 10 bar.

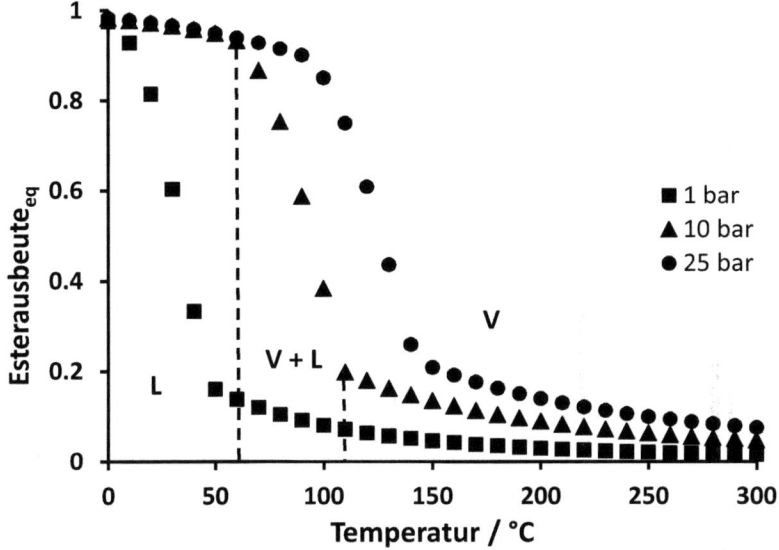

Abbildung 5-4: Gleichgewichtsausbeute an Acrylsäuremethylester für eine stöchiometrische Mischung der Ausgangsstoffe

Bei niedrigen Temperaturen können thermodynamisch nahezu vollständige Umsätze erreicht werden. Mit steigender Temperatur kommt es zu einem leichten Rückgang der Gleichgewichtsausbeute, der sich erheblich verstärkt, sobald das Reaktionsgemisch zu verdampfen beginnt. Wenn das System vollständig als Dampf vorliegt, verlangsamt sich der Abfall der Gleichgewichtsausbeute mit steigender Temperatur wieder, bewegt sich aber nur noch auf niedrigem Niveau. Potentielle heterogene Katalysatoren für die Reaktion scheinen erst bei Temperaturen ab ca. 290 °C aktiv zu sein [75]. Eine Reaktion in der Flüssigphase ist daher kaum realisierbar. Allerdings lassen sich bei entsprechendem Druck auch in der reinen Gasphase Ausbeuten im zweistelligen Prozentbereich erreichen. Homogene Katalysatoren für die Reaktion sind schon bei deutlich niedrigeren

Temperaturen aktiv [73]. Gleichzeitig besteht hier das Problem der Abtrennung des Katalysators vom Reaktionsgemisch.

Als Alternative zur Herstellung von Acrylsäure aus Ethen könnte die Synthese mit Ethin und Wasserstoff erfolgen [77]. Die thermodynamische Triebkraft dieser Reaktion ist deutlich größer ($\Delta^R g^+ = -102,4$ kJ/mol), wodurch die Reaktion von der thermodynamischen Gleichgewichtslage her prinzipiell möglich wäre. Die hohen Kosten sowie der große CO_2-Rucksack von Ethin und dem zusätzlich benötigten Wasserstoff machen diese Verfahrensvariante aber wenig sinnvoll.

5.2.2 Weitere Carboxylierungsreaktionen

Eine große Zahl weiterer Carbonsäuren kann prinzipiell durch Carboxylierungen verschiedener Kohlenwasserstoffe hergestellt werden, was teilweise auch in der Literatur vorgeschlagen wurde [78-80]. Eine Auswahl solcher Reaktionen und der zugehörigen Reaktionsenthalpie und Freien Reaktionsenthalpie bei Standardbedingungen ist in

Tabelle 5-1 gegeben.

Tabelle 5-1: Enthalpien verschiedener Carboxylierungsreaktionen

Produkt	eingesetzter Kohlenwasserstoff als Co-Edukt	$\Delta^R g^+$ in kJ/mol$_{Kohlenwasserstoff}$	$\Delta^R h^+$ in kJ/mol$_{Kohlenwasserstoff}$
Äpfelsäure	Ethanol	106,7	31,0
Benzoesäure	Benzol	53,4	20,5
Crotonsäure	Propen	37,3	-4,9
Essigsäure	Methan	61,1	36,1
Maleinsäure	Ethen	132,4	58,2
Milchsäure	Ethanol	45,2	6,5
Propionsäure	Ethan	58,7	21,7
Salicylsäure	Phenol	59,8	-5,9
Zitronensäure	Isopropanol	177,8	63,3

Die Freien Standardreaktionsenthalpien der meisten Reaktionen sind noch höher als für die Synthese von Acrylsäure. Die Gleichgewichtsumsätze der Reaktionen sind daher sehr gering, was durch experimentelle Messungen bestätigt wird, die für einzelne Reaktionen in der Literatur angegeben werden [78]. Aus thermodynamischer Sicht ist eine technische Realisierung von Carboxylierungsreaktionen daher nicht machbar.

Eine Entfernung der freien Säure aus dem Gleichgewicht durch eine Veresterung ist prinzipiell möglich. Allerdings sind die erzielbaren Ausbeuten, aufgrund der geringeren thermodynamischen Triebkraft, bei den meisten Säuren noch etwas geringer als bei der Acrylsäure.

5.3 Herstellung cyclischer Carbonate

5.3.1 Cyclische Carbonate aus Epoxiden und CO_2

Cyclische Carbonate, wie Ethylen- oder Propylencarbonat, lassen sich durch Reaktion von Epoxiden mit CO_2 herstellen [81]:

$$\text{Epoxid} + CO_2 \rightleftharpoons \text{cyclisches Carbonat} \qquad 2\text{-}4$$

Die Umsetzung von Propylenoxid mit CO_2 zu Propylencarbonat ist ein bereits genauer in der Literatur beschriebener Prozess [82, 83], dessen industrielle Anwendung in Patenten behandelt wird [84]. Eine Vorhersage der Gleichgewichtslage wird dadurch erschwert, dass für Propylencarbonat nur eingeschränkt verlässliche Stoffdaten verfügbar sind. Mit Hilfe von DFT-Rechnungen konnte aber die Freie Reaktionsenthalpie abgeschätzt werden. Diese ist leicht negativ ($\Delta^R g^+ \approx -7$ kJ/mol) und die Reaktion damit eingeschränkt günstig. Aufgrund der Exothermie der Reaktion verschlechtert sich die Gleichgewichtslage mit steigender Temperatur. Die Gleichgewichtsausbeute ist als Funktion der Temperatur für eine stöchiometrische Ausgangsmischung in Abbildung 5-4 dargestellt.

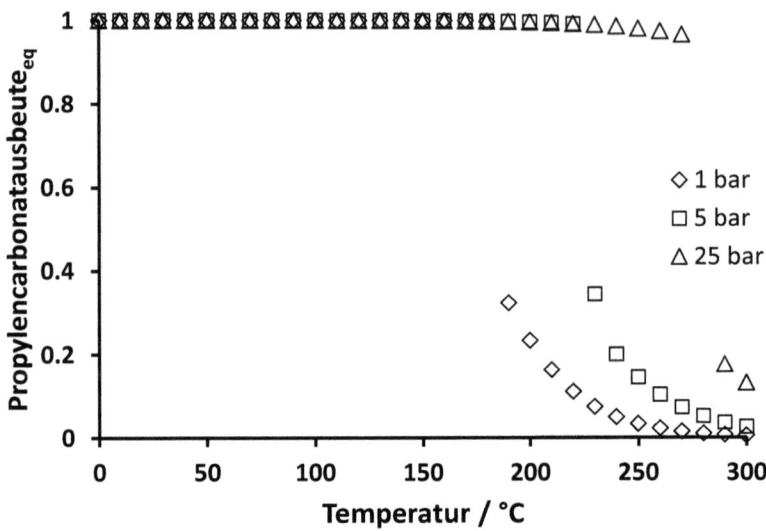

Abbildung 5-5: Gleichgewichtsausbeute an Propylencarbonat für eine stöchiometrische Mischung aus Propylenoxid und CO_2

Bei niedrigen Temperaturen gelingt zunächst aus thermodynamischer Sicht Vollumsatz. Mit steigender Temperatur fällt die Triebkraft ab. Solange das Produkt auskondensiert gelingt aber auch bei höheren Temperaturen noch fast vollständiger Umsatz. Sobald das Propylencarbonat verdampft, bricht die Gleichgewichtsausbeute schlagartig ein. Der Druck ist also so zu wählen, dass eine Kondensation des Produktgemisches möglich ist. Eine lösungsmittelfreie Synthese von Propylencarbonat ist aus thermodynamischer Sicht also möglich.

Sind Spuren von Wasser in der Reaktionslösung vorhanden kann neben der Bildung von Propylencarbonat auch eine Polymerisation gemäß Gleichung 5-4 auftreten:

$$H_2O \ + \ n\,CO_2 \ + \ (n+1)\ \triangle\!\!\!\!-\!\!O \longrightarrow HO\text{-}[\text{-}O\text{-}C(=O)\text{-}O\text{-}]_n\text{-}OH \qquad 5\text{-}4$$

Im Gleichgewicht ist die Bildung des Polycarbonats gegenüber der Propylencarbonatbildung deutlich bevorzugt. Es muss durch geeignete Katalysatoren und Prozessführung also Sorge dafür getragen werden, dass keine Polymerisation auftritt.Im Rahmen des Projektes wurde auch erwogen die Epoxide durch partielle Oxidation von Alkenen herzustellen. Als Oxidationsmittel wurden sowohl elementarer Sauerstoff als auch Wasserstoffperoxid in Betracht gezogen. Beide Reaktionen sind thermodynamisch nicht limitiert. Nebenreaktionen, die beispielsweise zur Bildung von Aldehyden führen, sind gegenüber der gewünschten Reaktion jedoch thermodynamisch deutlich favorisiert.

5.3.2 Cyclische Carbonate aus Diolen und CO_2

Chemisch ist die Bildung cyclischer Carbonate auch aus CO_2 und Diolen möglich (Gleichung 5-5) [85].

$$\text{HO-CH}_2\text{-CHR-OH} + CO_2 \rightleftharpoons \text{cyclic carbonate (R)} + H_2O \qquad 5\text{-}5$$

Die in der Literatur verfügbaren Stoffdaten für Propylencarbonat weisen eine beträchtliche Streuung auf, so dass sich je nach Quelle Exo- oder Endothermie ergibt. Für die Reaktionsenthalpie errechnen sich Werte zwischen -28,0 kJ/mol [86] und +19,3 kJ/mol [87]. Die Vorhersagegenauigkeit für die Gleichgewichtslage dieser Reaktion ist

dementsprechend eingeschränkt. DFT-Rechnungen ergeben für die Herstellung von Propylencarbonat aus 1,2-Propylenglycol eine Freie Reaktionsenthalpie bei Standardbedingungen von $\Delta^R g^+ = +47$ kJ/mol.
Tomishige *et al.* [88] berichten für eine Temperatur von 423 K und eine Mischung aus 100 mmol Propylenglykol, 200 mmol CO_2 und 120 mmol Acetonitril als Lösungsmittel, dass der gemessene Gleichgewichtsumsatz etwa 2 % betrage. In anderen Quellen werden ähnliche Gleichgewichtsumsätze angegeben [88, 89]. Basierend auf den Werten, die sich aus der DFT-Rechnung ergeben, berechnet sich bei den von Tomishige *et al.* angegebenen Bedingungen ein Gleichgewichtsumsatz von ca. 1 %. Da die verfügbaren experimentellen Stoffdaten auf eine etwas geringere Freie Reaktionsenthalpie hindeuten, kann davon ausgegangen werden, dass der von Tomishige *et al.* angegebene Umsatzwert die Gleichgewichtslage größenordnungsmäßig korrekt wiedergibt.

Neben einer Reaktion mit CO_2 kann Propylenglycol auch durch Bildung linearer (Gleichung 5-6) oder cyclischer Ether (Gleichung 5-7) dimerisieren.

Diese Dimerisierung ist mit einer Freien Reaktionsenthalpie von $\Delta^R g^+ \approx -27{,}0$ kJ/mol für die Bildung der linearen Dimere beziehungsweise $\Delta^R g^+ \approx -47{,}6$ kJ/mol für die Bildung der cyclischen Dimere gegenüber der gewünschten Carbonatbildung thermodynamisch deutlich bevorzugt.

Angesichts der geringen thermodynamischen Triebkraft der Carbonatbildung und der Favorisierung der Nebenreaktion scheint eine Synthese cyclischer Carbonate aus Diolen und CO_2 daher aufgrund der Gleichgewichtslage nicht sinnvoll zu sein.

5.4 Herstellung von Kohlensäurediestern

Kohlensäurediester, wie Dimethylcarbonat oder Diphenylcarbonat, werden unter anderem als Methylierungsreagenz, Lösungsmittel oder als Substituent für das toxische Phosgen eingesetzt. Sie werden beispielsweise durch oxidative Carbonylierung von Alkoholen mit Kohlenstoffmonoxid und Sauerstoff oder Reaktion der Alkohole mit Phosgen hergestellt [90]. Als Alternative hierzu wurde in der Literatur mehrfach die direkte Synthese aus CO_2 und dem entsprechenden Alkohol vorgeschlagen [91-94] (Gleichung 5-8).

$$2\ R\text{—}OH + CO_2 \rightleftharpoons R\text{-}O\text{-}C(=O)\text{-}O\text{-}R + H_2O \qquad 5\text{-}8$$

Die thermodynamische Triebkraft von Reaktionen dieses Typs ist sehr gering (Tabelle 5-2). Die Triebkraft der Synthese von Diphenylcarbonat ist noch geringer als die der Synthesen von Dimethyl- oder Diethylcarbonat. Dabei muss beachtet werden, dass insbesondere die für Diphenylcarbonat in der Literatur angegebenen Werte eine beträchtliche Streuung aufweisen.

Tabelle 5-2: Enthalpieänderungen verschiedener Direktsynthesen von Kohlensäurediestern

Kohlensäureester	Alkohol	$\Delta^R g^+$ in kJ/mol	$\Delta^R h^+$ in kJ/mol
Dimethylcarbonat	Methanol	38,6	-10,7
Diethylcarbonat	Ethanol	36,9	-17,5
Diphenylcarbonat	Phenol	56 - 83	33 - 46

Infolge der geringen Triebkraft sind die Gleichgewichtsumsätze der entsprechenden Reaktionen sehr niedrig. Bei 443 K ergibt sich für ein Gemisch aus 200 mmol CO_2 und 192 mmol Methanol eine Gleichgewichtsausbeute von etwa 0,5 % an Dimethylcarbonat bezogen auf Methanol. In der Literatur [92] wird für diese Bedingungen ein experimenteller Gleichgewichtsumsatz von etwa 0,2 % angegeben. Allerdings wird von den Autoren selbst darauf hingewiesen, dass in der Vorlage Wasser als Verunreinigung vorhanden gewesen sein dürfte, was die Ausbeute an Dimethylcarbonat senkt. Die experimentellen Ergebnisse weiterer Arbeitsgruppen aus dem Bereich der Katalyse bestätigen, dass die Reaktion stark durch das thermodynamische Gleichgewicht limitiert ist [91, 95].

Eine direkte Synthese von Kohlensäurediestern ist daher ohne eine effektive *in-situ* Produktabtrennung technisch nicht realisierbar. Eta *et al.* [96] schlagen hierfür Butylenoxid als Wasserabsorber vor. Bei 423 K und einem Druck von 95 bar soll so im Labor eine Dimethylcarbonatausbeute von 7,2 % erreicht worden sein. Bei einem derartigen Vorgehen muss zudem das entstehende Butylenglycol abgetrennt werden, was einen zusätzlichen Energiebedarf zur Folge hat.

Kohlensäureester könnten, statt in einer direkten Synthese aus CO_2 und dem entsprechenden Alkohol, auch durch Umesterung von cyclischen Carbonaten, die wie in Kapitel 5.3 beschrieben synthetisiert wurden, erfolgen. Diese Reaktionen sind durch das Reaktionsgleichgewicht zwar limitiert, aber dennoch thermodynamisch realisierbar. Details wurde in einer eigenständigen Publikation ausgeführt: [97].

5.5 Formylierung von Aminen

N-Formylverbindungen lassen sich durch die Reaktion von CO_2 und Wasserstoff mit den entsprechenden primären und sekundären Aminen synthetisieren. Diese werden teilweise als Lösungsmittel in der chemischen Industrie verwendet [98]. Allgemein laufen diese Reaktionen nach dem in Gleichung 5-9 dargestellten Schema ab.

$$R_1-NH-R_2 + CO_2 + H_2 \rightleftharpoons R_1-N(CHO)-R_2 + H_2O \qquad 5\text{-}9$$

Die thermodynamische Triebkraft von Reaktionen dieses Typs ist eher gering. Für die gebildeten Formylamine sind größtenteils keine experimentellen, kalorischen Daten verfügbar. Daher wurden die thermodynamischen Triebkräfte mit DFT-Rechnungen und mit der Gruppenbeitragsmethode nach Benson abgeschätzt. Die Freie Standardreaktionsenthalpie hat, je nach Reaktion, einen Wert zwischen etwa +20 kJ/mol und + 55 kJ/mol (vergleiche Tabelle 5-3; bei der Bildung von Diformylaminen treten auch höhere Werte auf).

Tabelle 5-3: Enthalpieänderungen bei der Bildung einiger Formylamine aus CO_2

	$\Delta^R g^+$ in kJ/mol$_{Amin}$	$\Delta^R h^+$ in kJ/mol
N-Formylpiperidin	31,5	-9,1
N-Formylpyrrolidin	23,2	-11,3
N-Formylpiperazin	44,0	-15,0
N-Diformylpiperazin	68,0	-26,2
N-Formylpropylamin	24,0	-11,0

Bei ausreichendem Druck und daraus resultierender Kondensation der Produkte lassen sich jedoch trotz der geringen thermodynamischen Triebkraft hohe Gleichgewichtsumsätze erreichen. Da Dampfdruckdaten für das Produkt nur bei wenigen Temperaturen verfügbar waren und daher keine belastbare Temperaturkorrelation aufgestellt werden konnte, wurde von einer Auftragung der Gleichgewichtsausbeute über der Temperatur abgesehen. Die Gleichgewichtsausbeute der Reaktion von Pyrrolidin mit CO_2 und Wasserstoff zu N-Formylpyrrolidin wurde daher für eine stöchiometrische Ausgangsmischung als Funktion des molaren Flüssigphasenanteils des Systems ε für zwei konkrete Temperaturen in Abbildung 5-6 exemplarisch dargestellt.

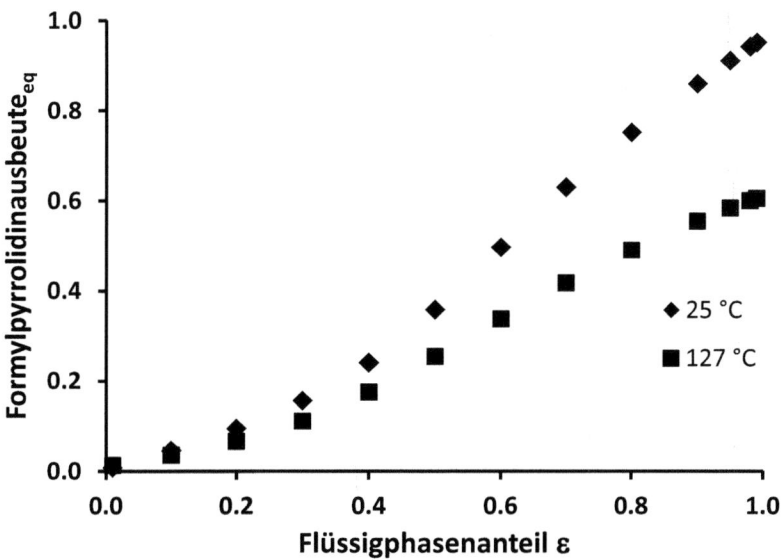

Abbildung 5-6: Gleichgewichtsausbeute an N-Formylpyrrolidin für eine stöchiometrische Eduktmischung

Bei 298 K sind im Gleichgewicht etwa 12 bar zur vollständigen Kondensation nötig, womit sich eine Gleichgewichtsausbeute von über

95 % erreichen lässt. Aufgrund der Exothermie der Reaktion nimmt die Gleichgewichtsausbeute bei vollständiger Verflüssigung mit steigender Temperatur ab. Bei 400 K wird bei vollständiger Verflüssigung nur noch eine Gleichgewichtsausbeute von etwa 61 % erreicht. Da aufgrund der geringeren Umsätze jedoch noch größere Mengen an CO_2 und Wasserstoff im System vorhanden sind, wird ein erheblich höherer Druck benötigt, um die Gase vollständig in der Flüssigphase zu lösen.

Laut Schmid *et al.* [99] ist für die Rutheniumkatalysatoren, die für die Formylierungsreaktion eingesetzt werden, eine Mindesttemperatur von 90 °C (=363,15 K) nötig, um eine nennenswerte Katalysatoraktivität zu erreichen. Bei diesen Temperaturen tritt bereits eine Limitierung durch das Reaktionsgleichgewicht auf. Die Reaktion ist thermodynamisch aber immer noch durchführbar.

Die Untersuchungen in diesem Abschnitt wurden durch eine Bachelorarbeit [100] begleitet.

5.6 Herstellung von Aldehyden und Alkoholen

Zur Herstellung von C_n-Aldehyden und C_n-Alkoholen könnte prinzipiell eine Reaktion eines C_{n-1}-Alkans mit CO_2 und Wasserstoff dienen. Die thermodynamische Triebkraft dieser Reaktionen ist mit $\Delta^R g^+ \approx +74$ kJ/mol für die Aldehydsynthese beziehungsweise $\Delta^R g^+ \approx +38$ kJ/mol für die Alkoholsynthese sehr gering, so dass eine solche Synthese nicht realisierbar ist. Die Reaktion wird thermodynamisch jedoch günstig, wenn man statt eines Alkans das entsprechende Alken einsetzt und die Wasserstoffmenge um 1 mol erhöht (Gleichung 5-10 und Gleichung 5-11), wie bereits in der Literatur vorgeschlagen wurde [101].

$$R\text{-CH=CH}_2 + CO_2 + 2\,H_2 \rightleftharpoons R\text{-CH}_2\text{-CH}_2\text{-CHO} + H_2O \qquad 5\text{-}10$$

$$R\text{-CH=CH}_2 + CO_2 + 3\,H_2 \rightleftharpoons R\text{-CH}_2\text{-CH}_2\text{-CH}_2\text{-OH} + H_2O \qquad 5\text{-}11$$

Konventionell wird die Reaktion mit Kohlenstoffmonoxid statt CO_2 durchgeführt. Durch die Substitution des Kohlenstoffmonoxids durch CO_2 und Wasserstoff wird die thermodynamische Triebkraft der Reaktion gegenüber dem konventionellen Prozess etwas herabgesetzt. Die Freie Reaktionsenthalpie nimmt jedoch für die meisten Aldehyde immer noch einen Wert von etwa -12 kJ/mol an (Ausnahme: $\Delta^R g^+ = -26{,}5$ für Propanal). Für die Herstellung von Alkoholen nimmt sie einen Wert von etwa -47 kJ/mol an (Ausnahme: $\Delta^R g^+ = -62{,}2$ für Propanol). Die Reaktionen sind stark exotherm, wodurch die thermodynamische Triebkraft mit steigender Temperatur sinkt.

Die Gleichgewichtsausbeute bei der Herstellung von Butanal aus Propen, CO_2 und Wasserstoff ist für eine stöchiometrische Mischung der Ausgangsstoffe in Abbildung 5-7 dargestellt.

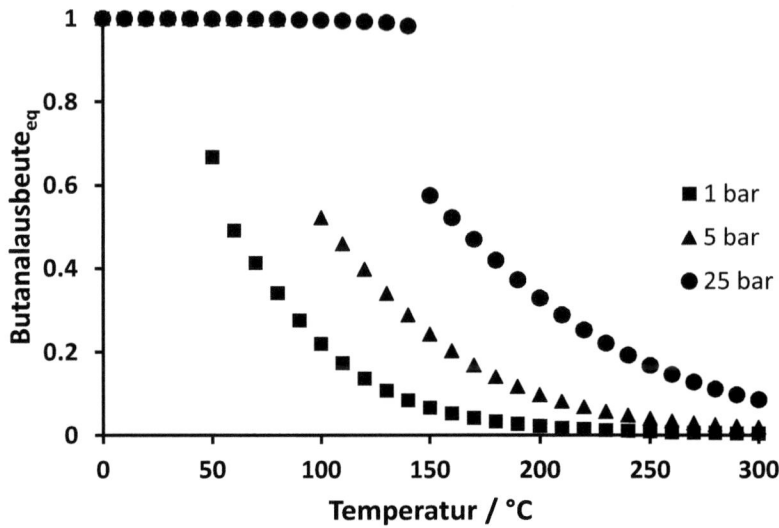

Abbildung 5-7: Butanalausbeute im Gleichgewicht für eine stöchiometrische Eduktmischung

Bei niedrigen Temperaturen gelingt noch annähernder Vollumsatz im Gleichgewicht. Sobald jedoch mit steigender Temperatur eine Verdampfung des Produktes auftritt, geht die Ausbeute deutlich zurück. Bei 160 °C, die benötigt werden, um die verwendeten Rutheniumkatalysatoren zu aktivieren, ist es möglich mit einem Druck von 40 bar eine vollständige Verflüssigung und damit nahezu 100 %-igen Gleichgewichtsumsatz zu bewirken. Dies wird durch Messungen von Tominaga [102] bestätigt.

Die Gleichgewichtsausbeute bei der Herstellung von Butanol aus Propen, CO_2 und Wasserstoff ist für eine stöchiometrische Mischung der Ausgangsstoffe in Abbildung 5-8 dargestellt. Dabei ist zu beachten, dass die Alkoholsynthese über den Aldehyd als Zwischenprodukt verläuft. Im Gleichgewicht liegt daher immer auch Aldehyd neben dem Alkohol vor.

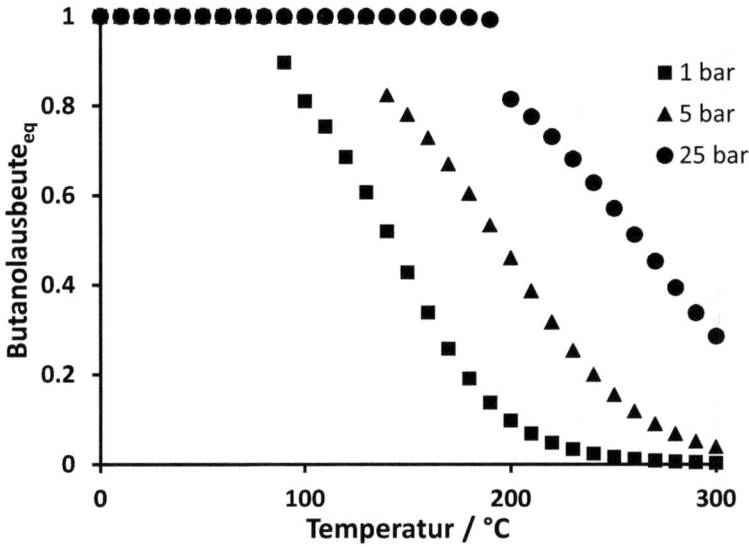

Abbildung 5-8: Butanolausbeute im Gleichgewichts für eine stöchiometrische Eduktmischung

Die Alkoholausbeuten liegen noch etwas über den Gleichgewichtsausbeuten des analogen Aldehyds. Insbesondere bei niedrigen Temperaturen ist der Alkohol gegenüber dem Aldehyd thermodynamisch deutlich favorisiert. Bei niedrigen Drücken und hohen Temperaturen sinken die Gleichgewichtsausbeute und -selektivität des Alkohols deutlich ab (Y_{eq} = 0,3 % und S_{eq} = 45 % für Butanol bei 300 °C und 1 bar). Wird die Reaktion bei höheren Drücken gefahren verschiebt sich das Gleichgewicht dagegen auch bei höheren Temperaturen deutlich zum Aldehyd hin, so dass bei 300 °C und 25 bar eine Gleichgewichtsselektivität von 95 % für Butanal erreicht wird.

5.7 Telomerisation mit CO_2

Telomerisation bezeichnet allgemein die Reaktion von 1,3-Dienen mit einem Nukleophil. Dieses Nukleophil kann unter anderem CO_2 sein. Eine potentielle Reaktion dieses Typs, wie sie in der Literatur vorgeschlagen wird [103, 104], ist in Gleichung 5-12 dargestellt.

$$2\ \text{CH}_2=\text{CH-CH}=\text{CH}_2 + CO_2 \rightleftharpoons \text{(δ-Lacton)} \qquad 5\text{-}12$$

Für das in Gleichung 5-12 gebildete δ-Lacton sind keine experimentellen Stoffdaten verfügbar, weshalb Abschätzungen mit Gruppenbeitragsmethoden und DFT-Rechnungen vorgenommen wurden. Die thermodynamische Triebkraft der Reaktion ist gering. Nichtsdestotrotz lässt sich die Reaktion bei ausreichendem Druck realisieren. Da Dampfdruckdaten für das Produkt nur bei wenigen Temperaturen verfügbar waren und daher keine belastbare Temperaturkorrelation aufgestellt werden konnte, wurde von einer Auftragung der Gleichgewichtsausbeute über der Temperatur abgesehen. Deshalb wurde die Gleichgewichtsausbeute für eine stöchiometrische Mischung der Edukte in Abbildung 5-9 als Funktion des Drucks dargestellt. Als Lösungsmittel wird hier zusätzlich Propylencarbonat eingesetzt, wie von Behr *et al.* [105] vorgeschlagen wurde.

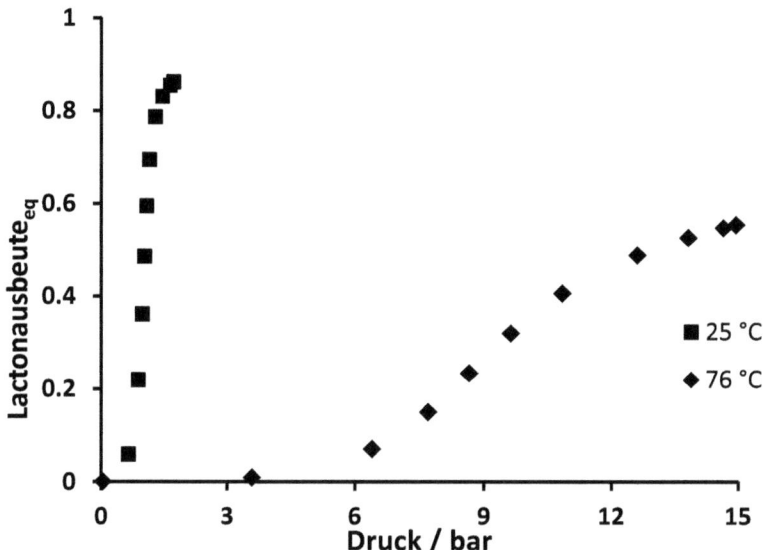

Abbildung 5-9: Gleichgewichtsausbeute an δ-Lacton für eine stöchiometrische Ausgangsmischung und Propylencarbonat als Lösungsmittel

Bei niedrigen Temperaturen liegt der Gleichgewichtsumsatz an CO_2 auch bei niedrigen Drücken bereits sehr hoch. Mit steigender Temperatur nimmt jedoch nicht nur der Druck zu, der zur vollständigen Verflüssigung nötig ist, sondern es tritt auch eine Abnahme der Gleichgewichtsausbeute bei vollständiger Verflüssigung auf. Neben der gewünschten Reaktion können auch noch eine Reihe von Nebenreaktionen auftreten, die thermodynamisch deutlich favorisiert sind. Es ist daher nötig Katalysatoren zu finden, die selektiv nur die Lactonsynthese katalysieren.

Homogene Palladiumkatalysatoren, die für diese Synthese eingesetzt werden können [105], sind bereits bei Temperaturen ab 60 °C aktiv und weisen eine hohe Selektivität für das δ-Lacton auf. Eine Synthese des δ-Lactons ist daher thermodynamisch realisierbar.

Das entstehende δ-Lacton kann mit Wasserstoff zu 2-Ethylheptansäure umgesetzt werden. Dabei wird zunächst das ungesättigte Lacton hydriert und das gesättigte Lacton anschließend unter Einbau von Wasserstoff gespalten. Beide Reaktionsschritte sind durch das chemische Gleichgewicht nicht limitiert.

5.8 Einbau des Kohlenstoffs unter vollständiger Sauerstoffabspaltung

Das Kohlenstoffatom des CO_2 kann in Anwesenheit von Wasserstoff prinzipiell an eine bestehende Kohlenstoffkette angehängt und der Sauerstoff zu Wasser umgesetzt werden. Die Reaktion lässt sich allgemein in Form von Gleichung 5-13 schreiben.

$$CO_2 + 3\,H_2 + C_n \rightleftharpoons C_{n+1} + 2\,H_2O \qquad 5\text{-}13$$

Die thermodynamische Triebkraft von Reaktionen dieses Typs ist hoch ($\Delta^R g^+ = -43,9$ kJ/mol für die Herstellung von Ethan, $\Delta^R g^+ = -55,2$ kJ/mol für die Herstellung von Propan und $\Delta^R g^+ = -68,9$ kJ/mol für die Herstellung von Ethanol aus Methanol). Daher liegt das Gleichgewicht dieser Reaktionen bei niedrigen Temperaturen weit auf der Produktseite, verschiebt sich aber wegen der großen Exothermie ($\Delta^R h^+ = -99,1$ kJ/mol für die Herstellung von Ethan) mit steigender Temperatur zu den Edukten (Abbildung 5-10).

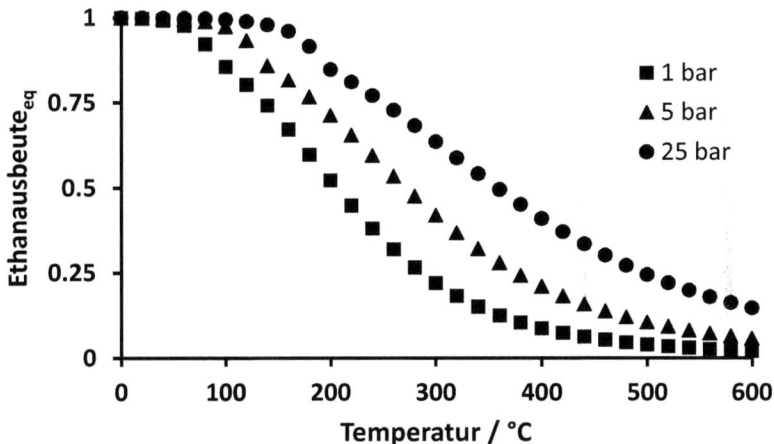

Abbildung 5-10: Gleichgewichtsausbeute an Ethan für eine stöchiometrische Eduktmischung

Die Gleichgewichtslage erlaubt also prinzipiell eine Reaktion mit Einbau des Kohlenstoffs unter vollständiger Sauerstoffabspaltung. Trotzdem scheint die katalytische Realisierung einer solchen Reaktion sehr schwierig zu sein. Havran *et al.* [77] erwähnt die Synthese von Ethanol aus Methanol, CO_2 und Wasserstoff als eine von mehreren prinzipiellen CO_2-Nutzungsreaktionen, macht jedoch keine Angaben zu Katalysatoren. CO_2, H_2, H_2O und CO werden durch die Wassergas-Shift-Reaktion ineinander umgewandelt. Ist die analoge Reaktion also mit CO möglich, so ist zu erwarten, dass sie auch mit CO_2 mechanistisch möglich ist. Die Synthese von Ethanol aus Methanol, CO und Wasserstoff wird in der Literatur und in Patenten beschrieben [106-108], wodurch sich vermuten lässt, dass eine Realisierung der Katalyse mit CO_2 zumindest prinzipiell möglich wäre.

5.9 Reaktionen ohne Einbau des Kohlenstoffatoms

Bei den bisher betrachteten Reaktionen wurde der Kohlenstoff des CO_2-Moleküls in das entstehende Produktmolekül eingebaut. Solche Prozesse, bei denen CO_2 als C1-Baustein fungiert, können als stoffliche Nutzung von CO_2 im engeren Sinne verstanden werden. Im weiteren Sinne können hingegen auch solche Reaktionen bei denen der Kohlenstoff nicht in das Produktmolekül eingebaut wird, sondern zu Kohlenstoffmonoxid reduziert wird, zur stofflichen Nutzung von CO_2 gezählt werden (CO_2 als Oxidationsmittel). Es kann dabei unterschieden werden in solche Reaktionen bei denen eines der Sauerstoffatome des CO_2-Moleküls in das Produktmolekül eingebaut wird und solche bei denen dem Reaktionspartner Wasserstoff entzogen und Wasser gebildet wird (oxidative Dehydrierung).

5.9.1 CO_2 als Oxidationsmittel mit Einbau des Sauerstoffs

Prinzipiell mögliche Reaktionen von CO_2 als Oxidationsmittel von Kohlenwasserstoffen, ohne Bildung von Wasser, wären die Herstellung von Alkoholen aus Alkanen (Gleichung 5-14), die Herstellung von Aldehyden aus Alkenen (Gleichung 5-15), die Herstellung von Carbonsäuren aus Aldehyden (Gleichung 5-16) sowie die Herstellung von Epoxiden aus Alkenen (Gleichung 5-17).

$$R-CH_3 + CO_2 \rightleftharpoons R-CH_2OH + CO \qquad 5\text{-}14$$

$$\underset{R}{\overset{H}{>}}=CH_2 + CO_2 \rightleftharpoons \underset{R}{>}CHO + CO \qquad 5\text{-}15$$

$$\underset{R}{>}CHO + CO_2 \rightleftharpoons \underset{R}{>}COOH + CO \qquad 5\text{-}16$$

$$\underset{R_1}{\overset{H}{>}}=\underset{R_2}{\overset{H}{<}} + CO_2 \rightleftharpoons \underset{R_1}{\overset{O}{\triangle}}\underset{R_2}{} + CO \qquad 5\text{-}17$$

Die meisten dieser Reaktionen eignen sich nicht für eine technische Umsetzung, da die thermodynamische Triebkraft zu gering ist. Exemplarisch für die verschiedenen Reaktionstypen ist jeweils die Enthalpieänderung der Oxidation des entsprechenden C_2-Körpers in Tabelle 5-4 angegeben.

Tabelle 5-4: Enthalpieänderungen verschiedener Reaktionen mit CO_2 als Oxidationsmittel

Typ	Produkt	$\Delta^R g^+$ in kJ/mol$_{Co\text{-}Edukt}$	$\Delta^R h^+$ in kJ/mol$_{Co\text{-}Edukt}$
Alkohol aus Alkan	Ethanol	121,3	132,4
Aldehyd aus Alken	Ethanal	56,1	64,5
Säure aus Aldehyd	Essigsäure	16,2	19,9
Epoxid aus Alken	Ethylenoxid	175,9	178,1

Wie aus den Freien Reaktionsenthalpien ersichtlich ist, sind die meisten dieser Reaktionstypen aufgrund fehlender thermodynamischer Triebkraft technisch nicht realisierbar. Lediglich die Synthese von Carbonsäuren aus

Aldehyden besitzt eine Freie Reaktionsenthalpie, die nennenswerte Gleichgewichtsumsätze zulässt. Die entsprechende Reaktion von Zimtaldehyd zu Zimtsäure wird bereits in der Literatur beschrieben [109]. Dort wird angegeben, dass es möglich sei Zimtsäure bereits bei Raumtemperatur und Atmosphärendruck mit beträchtlicher Ausbeute zu erhalten, was mit den berechneten Gleichgewichtsdaten konsistent ist.

CO_2 kann also prinzipiell als Oxidationsmittel zur Herstellung von Carbonsäuren aus Aldehyden eingesetzt werden.

5.9.2 Oxidative Dehydrierung mit CO_2 als Oxidationsmittel

Bei der oxidativen Dehydrierung wird ein gesättigter Kohlenwasserstoff mit einem Oxidationsmittel zu einem ungesättigten Kohlenwasserstoff und Wasser umgesetzt. Der Einsatz von CO_2 als Oxidationsmittel besitzt unter anderem den Vorteil, dass Überoxidation vermieden wird. Das CO_2 wird dabei nicht in das Produktmolekül eingebaut, sondern mit dem abgespaltenen Wasserstoff zu Kohlenstoffmonoxid und Wasser umgesetzt (Gleichung 5-18).

$$\underset{R_1 \quad R_2}{H \diagdown \diagup H} + CO_2 \rightleftharpoons \underset{R_1 \quad R_2}{\diagup \diagdown} + CO + H_2O \qquad 5\text{-}18$$

Die thermodynamische Triebkraft dieser Reaktion bei Standardbedingungen ist sehr gering. Die Freie Reaktionsenthalpie nimmt bei der Bildung einer endständigen Doppelbindung einen Wert von $\Delta^R g^+ \approx +116$ kJ/mol an. Bei Bildung einer Doppelbindung in Z-Form (cis) beträgt die Freie Reaktionsenthalpie $\Delta^R g^+ \approx +111$ kJ/mol und $\Delta^R g^+ \approx +108$ kJ/mol bei einer Doppelbindung in E-Form (trans).

Die oxidative Dehydrierung mit CO_2 ist zusätzlich stark endotherm: $\Delta^R h^+ \approx +166$ kJ/mol bei Bildung einer endständigen Doppelbindung, $\Delta^R h^+ \approx +160$ kJ/mol bei einer Doppelbindung in Z-Form und $\Delta^R h^+ \approx +156$ kJ/mol bei einer Doppelbindung in E-Form. Aufgrund dieser starken Endothermie verschiebt sich das Reaktionsgleichgewicht bei hohen Temperaturen deutlich zu den Produkten (vergleiche Abbildung 5-11).

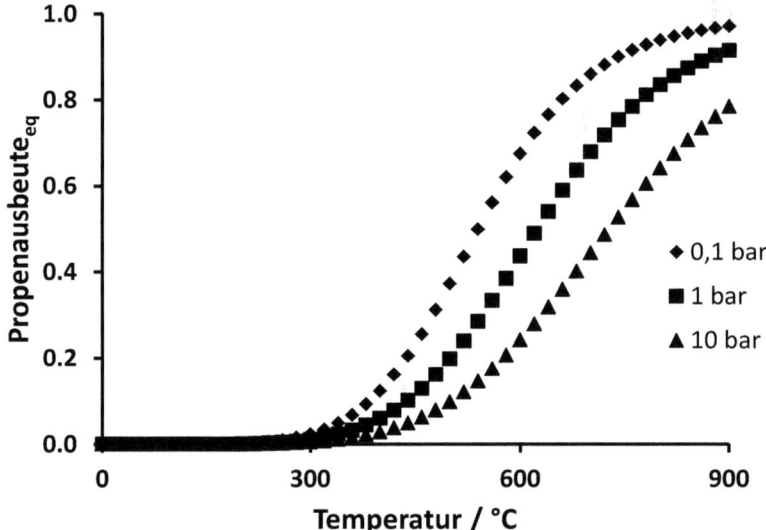

Abbildung 5-11: Gleichgewichtsausbeute an Propen bei der oxidativen Dehydrierung von Propan mit CO_2 bei einer stöchiometrischen Ausgangsmischung

Bei 1 bar Druck wird erst bei einer Temperatur von etwa 630 °C ein Gleichgewichtsumsatz von größer als 50 % bei einer stöchiometrischen Ausgangsmischung erreicht. 90 %-iger Gleichgewichtsumsatz wird sogar erst ab etwa 870 °C erreicht. Durch niedrigeren Druck lassen sich die Grenzen für einen gewünschten Gleichgewichtsumsatz zu niedrigeren Temperaturen verschieben. Drücke unter 1 bar sind für einen entsprechenden technischen Prozess jedoch nicht sinnvoll. Daher richten sich alle bisher in der Literatur publizierten Ansätze für diese Reaktionen auf Temperaturen von 580 °C und höher [110-112]. Alternative Ansätze, um die Gleichgewichtslimitierung bei der Alkenproduktion durch oxidative Dehydrierung bei niedrigeren Temperaturen zu umgehen, werden in Kapitel 6 beschrieben.

5.10 Überblick: Stoffliche Nutzung und Reaktionsgleichgewicht

Ein erheblicher Anteil der potentiellen und auch in der Literatur vorgeschlagenen CO_2-Nutzungsreaktionen ist in hohem Maße durch das Reaktionsgleichgewicht limitiert. Ohne spezielle Maßnahmen zur Entfernung von Produkten aus dem System sind nicht sinnvoll durchführbar:

- Carboxylierungsreaktionen (Kapitel 5.2)
- Carbonatbildung aus CO_2 und Diolen (Kapitel 5.3.2)
- Synthese von Kohlensäurediester aus CO_2 und Alkohol (Kapitel 5.4)
- Reaktionen ohne Einbau des Kohlenstoffatoms (Kapitel 5.9).

Machbar, aber immer noch stark durch das Reaktionsgleichgewicht limitiert, sind

- Formylierungen von Aminen (Kapitel 0)
- Telomerisierung mit CO_2 (Kapitel 5.7)
- Verlängerung von Alkanketten unter Sauerstoffabspaltung (Kapitel 5.8).

Hohe Gleichgewichtsumsätze ohne weitere Maßnahmen zur Produktentfernung sind nur bei wenigen Reaktionstypen möglich:

- Herstellung von Kohlenwasserstoffen (Kapitel 5.1)
- Carbonatbildung aus Epoxiden und CO_2 (Kapitel 5.3.1)
- Herstellung von Aldehyden und Alkoholen (Kapitel 5.6).

Es fällt auf, dass bei den drei nicht nennenswert thermodynamisch limitierten Reaktionen als Edukte Wasserstoff beziehungsweise Epoxide auftreten. Auch bei der eingeschränkt limitierten Alkankettenverlängerung tritt Wasserstoff als Edukt auf. Bei den vier Reaktionstypen mit stark eingeschränktem Gleichgewichtsumsatz reagiert CO_2 dagegen nur mit einem (partiell oxidierten) Kohlenwasserstoff.

Technisch sinnvolle Gleichgewichtsumsätze lassen sich also nur erzielen, wenn CO_2 mit einem energetisch hochwertigen Reaktionspartner umgesetzt wird. Eine detailliertere Betrachtung dieses Sachverhalts erfolgt in Kapitel 8.1, die Auswirkungen von energetisch hochwertigen Reaktanden auf die Energie- und damit die CO_2-Bilanz des gesamten Verfahrens erfolgt in Kapitel 8.2.2.

6 Ausbeuteerhöhung bei der oxidativen Dehydrierung

Wie in Kapitel 5.9.2 beschrieben ist die oxidative Dehydrierung mit CO_2 als Oxidationsmittel bei niedrigen Temperaturen thermodynamisch äußerst ungünstig. Eine Verschiebung der Gleichgewichtslage durch Absenkung des Druckes unter Atmosphärendruck ist technisch nicht sinnvoll, da die Raum-Zeit-Ausbeuten in diesem Fall sehr klein würden. Da bei einer Ausführung der stark endothermen Reaktion bei hohen Temperaturen eine erhebliche Wärmemenge auf einem hohen Temperaturniveau zugeführt werden muss, wird eine große Menge an thermischer Exergie benötigt. Daher ist es von Interesse Möglichkeiten zu finden, die Reaktion bei niedrigeren Temperaturen auszuführen. Die entsprechenden Untersuchungen wurden durch eine Diplomarbeit [113] begleitet.

6.1 Entfernung von Produkten durch physikalische Effekte

Die Gleichgewichtskonstante hängt nur von der Temperatur und der Freien Reaktionsenthalpie, die selbst eine Funktion von Temperatur und Druck ist, ab:

$$K_f = e^{-\frac{\Delta^R g^{IG}}{RT}} \qquad \text{3-4 a}$$

Bei gegebener Temperatur und Druck ist die Gleichgewichtskonstante und damit das Verhältnis der einzelnen Fugazitäten im Gleichgewicht fixiert:

$$K_f = \prod_i \left(\frac{f_i}{p^+}\right)^{\nu_i} \qquad \text{3-4 b}$$

Wir die Fugazität einer Komponente durch Entfernung aus dem System verändert, so müssen sich die Fugazitäten der anderen Komponenten entsprechend anpassen. Um bei niedrigen Temperaturen nennenswerte Gleichgewichtsausbeute zu erreichen, muss daher zumindest ein Teil der Produkte dem Gleichgewicht entzogen werden. Diese Entfernung kann sich sowohl auf das gewünschte Produkt als auch auf die Nebenprodukte beziehen. Betrachtet wurden hierfür die Entfernung über eine zweite Phase und die Verwendung eines Membranreaktors.

Da das Produkt Wasser eine deutlich geringere Standardfugazität als die anderen Komponenten hat, ist seine Löslichkeit in vielen flüssigen Phasen erheblich größer als die der anderen Komponenten (Ausnahme: stark lipophile Lösungsmittel). In Gegenwart der meisten flüssigen Stoffe verschiebt sich das Gleichgewicht daher auf die Seite der Produkte, da das Wasser in die flüssige Phase eingelöst und damit aus dem Gasraum entfernt wird. Da die Reaktionstemperatur trotz Einlösung des Wassers immer noch so hoch sein muss, dass die meisten organischen Lösungsmittel einen beträchtlichen Dampfdruck aufweisen, eignen sich diese kaum zur praktischen Durchführung der Reaktion. In einem a-priori Screening wurden daher verschiedene ionische Flüssigkeiten untersucht. Die Aktivitätskoeffizienten der an der Reaktion beteiligten Stoffe wurden mit Hilfe des Modells COSMO-RS für insgesamt 4490 verschiedene Kombinationen von Kationen und Anionen vorhergesagt. Basierend auf diesen Daten wurden die Gleichgewichtsausbeuten in Gegenwart der jeweiligen ionischen Flüssigkeiten berechnet. Die Gleichgewichtsausbeute nahm im besten Fall dabei jedoch um weniger als einen Prozentpunkt zu, weshalb dieser Ansatz für die technische Anwendung uninteressant ist.

Durch die Einfügung einer geeigneten Membran im Reaktionsraum (Membranreaktor) können prinzipiell Produkte aus dem Reaktionssystem entfernt und Edukte zurückgehalten werden, wodurch ebenfalls höhere

Umsätze möglich werden. Da die Ausbeute in Membranreaktoren stark durch die Selektivitäten, Permeabilitäten und weitere Betriebsparameter beeinflusst werden, lassen sich nur eingeschränkt allgemeine Aussagen über die Erhöhung der thermodynamisch möglichen Umsätze treffen. Modellierungen weisen auf eine prinzipiell mögliche Erhöhung der thermodynamisch erreichbaren Umsätze um einen Faktor zwei bis drei hin. Die Temperaturstabilität der Membran stellt in diesem Zusammenhang eine weitere Beschränkung dar, da die notwenigen Temperaturen für eine sinnvolle Reaktionsführung gegebenenfalls nicht erreicht werden können.

6.2 Gezielte Nutzung von Nebenreaktionen

Richtet sich die Produktentfernung nicht auf das gewünschte Haupt- sondern auf die Nebenprodukte, so kann diese auch durch chemische Reaktion geschehen. Hierfür ist für gewöhnlich die Zugabe eines Entfernungsreagenz notwendig, das stöchiometrisch mit den Nebenprodukten reagiert. Im Falle der oxidativen Dehyrierung mit CO_2 als Oxidationsmittel besteht bei geeigneter Reaktionsführung jedoch prinzipiell die Möglichkeit das Entfernungsreagenz *in-situ* zu erzeugen und damit auf die Zugabe von weiteren Reaktanden zu verzichten.

Entscheiden hierfür ist, dass das verwendete Katalysatorsystem nicht nur die Hinreaktion der oxidativen Dehyrierung, sondern auch ihre Rückreaktion, sowie Crack-Reaktionen katalysiert. Das dazugehörige Reaktionssystem kann damit wie folgt beschrieben werden:

$$\text{n-Alkan} + CO_2 \;\leftrightarrows\; \text{n-Alken} + CO + H_2O \qquad 6\text{-}1$$

$$(n\text{-}1)\text{-Alkan} + CO_2 \;\leftrightarrows\; (n\text{-}1)\text{-Alken} + CO + H_2O \qquad 6\text{-}2$$

$$\text{n-Alkan} \leftrightharpoons \text{(n-1)-Alken} + CH_4 \qquad\qquad 6\text{-}3$$

Im dargestellten Reaktionsschema bezeichnet n-Alkan ein Alkan der Kettenlänge n, (n-1)-Alkan ein Alkan mit Kettenlänge n-1. Für die Alkene gilt Analoges. Das Gleichgewicht der Hauptreaktion (6-1) wird auf die Seite der Produkte verschoben, indem die Nebenprodukte Kohlenstoffmonoxid und Wasser durch die Rückreaktion der zweiten Reaktion (6-2) aus dem Reaktionssystem entfernt werden. Das hierfür benötigte Alken wird durch die Crack-Reaktion (6-3) gebildet, wodurch keine weiteren Ausgangsstoffe benötigt werden als die Edukte der Hauptreaktion.

Für das Beispiel der Synthese von Propen aus Propan ist die Gleichgewichtsausbeute an Propen in Abbildung 6-1 für eine stöchiometrische Ausgangsmischung aus Propan und CO_2 bei einem Druck von 1 bar dargestellt. Zum Vergleich ist auch die Gleichgewichtsausbeute eingetragen für den Fall, dass nur die Dehydrierung des Propans als einzige Reaktion auftritt.

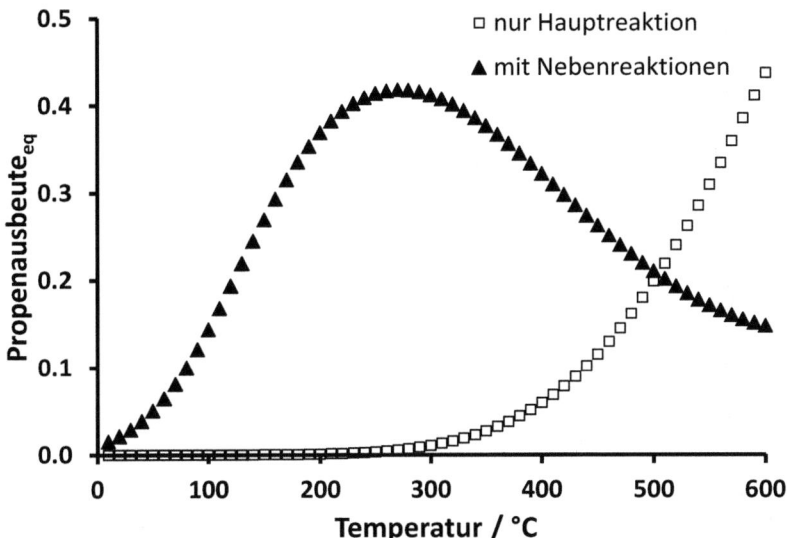

Abbildung 6-1: Gleichgewichtsausbeute an Propen wenn nur die Hauptreaktion (Gleichung 6-1) auftritt und bei gezielter Nutzung von Nebenreaktionen

Es fällt auf, dass die Gleichgewichtsausbeute bei gezielter Verwendung von Nebenreaktionen zur Nebenproduktentfernung signifikant ansteigt. Bei 270 °C wird so eine Gleichgewichtsausbeute von etwa 41,8 % erreicht, gegenüber nur 0,6 % ohne Entfernung der Nebenprodukte. Mit steigendem Druck verschiebt sich das Ausbeutemaximum zu höheren Temperaturen, wobei die Höhe des Maximums leicht abnimmt. Für andere Alkene als Produkt ergeben sich ähnliche Ergebnisse.

Der Verlauf der Gleichgewichtsausbeute an Propen (beziehungsweise einem entsprechenden anderen Alken) über der Temperatur lässt sich auf die Endothermie der einzelnen Reaktionen sowie die Verfügbarkeit von Reaktanden zurückführen. Steigende Temperaturen bewirken zunächst eine Verstärkung der endothermen Crack-Reaktion. Dadurch steigt die zur Verfügung stehende Menge an Ethen und die Rückreaktion von Reaktion

6-2 kann verstärkt ablaufen, wodurch Kohlenstoffmonoxid und Wasser aus dem Gleichgewicht entfernt werden. Infolge dessen wird die Hauptreaktion begünstigt und die Propenausbeute steigt mit steigender Temperatur an. Ab etwa 200 °C ist der Verbrauch an Propan durch die Crack-Reaktion jedoch so groß, dass die Hauptreaktion infolge des Mangels an Propan limitiert wird. Infolge dessen schwächt sich der Anstieg erst ab und geht schließlich sogar in einen Abfall über. Bei sehr hohen Temperaturen (> 650 °C) wird die deutlich endothermere oxidative Dehydrierung gegenüber der Crack-Reaktion thermodynamisch begünstigt, weshalb es bei sehr hohen Temperaturen wieder zu einem leichten Anstieg der Gleichgewichtsausbeute kommt.

Zusätzlich zur Absenkung der Reaktionstemperatur geht auch der Wärmebedarf der Reaktion zurück. Da die Reaktionen 6-1 und 6-2 prinzipiell gleichen Typs sind, sind ihre Wärmetönungen sehr ähnlich. Da die Rückreaktion von 6-2 näherungsweise im gleichen Umfang abläuft wie die Hinreaktion von 6-1, kürzen sich die Wärmetönungen gegenseitig weg und der Wärmebedarf des Reaktionssystems wird durch die deutlich weniger endotherme Crackreaktion bestimmt. Da die Crackreaktion in etwas größerem Umfang abläuft, ist der Wärmebedarf pro mol Propen zwar geringfügig höher als die Reaktionsenthalpie der Crack-Reaktion (3,2 %), aber immer noch deutlich geringer als die Reaktionsenthalpie der oxidativen Dehydrierung (-48,6 %). Bei Ausnutzung dieses Effektes kann der Exergiebedarf zur Durchführung der Reaktion also nicht nur durch eine Absenkung der Reaktionstemperatur, sondern zusätzlich noch durch eine Reduzierung der benötigten absoluten Wärmemenge herabgesetzt werden.

Nichtsdestotrotz muss berücksichtigt werden, dass das Produktspektrum dieses Reaktionssystems breiter ist als das der oxidativen Dehydrierung alleine. Aufgrund des unvollständigen Umsatzes kann der Produktstrom einer „konventionellen" oxidativen Dehydrierung von Propan als Mischung der fünf Komponenten Propan, Propen, Kohlenstoffdioxid, Kohlenstoffmonoxid und Wasser angesehen werden. Bei Nutzung des beschriebenen Effektes sind die Mengen an Kohlenstoffmonoxid und Wasser vernachlässigbar klein. Der zu erwartende Produktstrom ist daher eine Mischung aus Propan, Ethan, Methan, Propen, Ethen und Kohlenstoffdioxid. Die Komponentenzahl hat sich also von fünf auf sechs erhöht. Wird hingegen keine Auftrennung in die einzelnen Stoffe, sondern nur in Stoffgruppen benötigt, so vereinfacht sich die Trennaufgabe wieder. Beispielsweise könnten die entstandenen Alkene (Propen und Ethen) zusammen abgetrennt und Co-polymerisiert werden. Genauso könnten die Alkane (Methan, Ethan und Propan) gemeinsam abgetrennt werden. Die Zahl der Stoffströme nach der Trennung könnte so auf drei (beziehungsweise vier bei Rückführung nicht umgesetzten Propans) reduziert werden.

7 Bereitstellung von Wasserstoff aus Biomasse

Bei vielen CO_2-Nutzungsreaktionen ist der Einsatz von Wasserstoff nötig. Als Folge daraus ist die CO_2-Bilanz der entsprechenden Verfahren häufig schlecht. Um den Bedarf an fossilen Energieträgern zur Wasserstoffproduktion und die damit verbundenen CO_2-Emissionen zu reduzieren ist die Herstellung von Wasserstoff mit Hilfe erneuerbarer Energien in den letzten Jahren verstärkt in den Fokus des wissenschaftlichen Interesses gerückt. Die Verwendung von elektrischer Energie zur Wasserstofferzeugung mittels Elektrolyse kann hierfür langfristig eine Option darstellen. Bis zu einer vollständigen Umstellung des Energiesystems auf erneuerbare Energien ist dies jedoch keine sinnvolle Variante. Die Verbrennung von Methan zur Stromerzeugung mit anschließender Elektrolyse ist deutlich ineffizienter ist als die direkte Umsetzung zu Wasserstoff und Kohlenstoffdioxid.[1] Deshalb ist eine Verwendung von elektrolytisch gewonnenem Wasserstoff in chemischen Prozessen (sofern spezielle Reinheitsanforderungen nicht dazu zwingen) gegenwärtig nicht zweckmäßig.

Biomasse ist eine alternative Rohstoffquelle zur Herstellung von Wasserstoff. Eine Reihe von Verfahren hierfür existiert bereits oder befindet sich in der Pilotierungsphase. [114, 115] Ein limitierender Faktor für die Effizienz dieser Verfahren ist, dass sie durchweg bei hohen Temperaturen und häufig auch unter hohen Drücken ablaufen. Des Weiteren entsteht bei diesen Verfahren beispielsweise Teer, [116] der vor einer Verwendung in chemischen Prozessen abgetrennt werden muss. Aus diesem Grunde wurde untersucht, ob eine Umsetzung von

---

[1] Bei einer Umsetzung von Methan in einem GuD-Kraftwerk mit einem Wirkungsgrad von 60 % und anschließender Elektrolyse mit einem Wirkungsgrad von 70 %, lassen sich aus einem mol Methan etwa 1,4 mol Wasserstoff erzeugen. Beim Dampfreformieren entstehen dagegen aus einem mol Methan vier mol Wasserstoff. Berücksichtigt man den Wärmebedarf der Reaktion (gedeckt über den unteren Heizwert von Methan) lassen sich immer noch 3,3 mol Wasserstoff aus einem mol Methan erzeugen.

Biomassekomponenten auch bei milden Bedingungen aus thermodynamischer Sicht möglich ist.

Eine weiterführende Darstellung der auf Saccharide bezogenen Ergebnisse in Kapitel 7.1 ist bereits in einer separaten Publikation [117] erfolgt. Die auf Saccharide bezogenen Teile von Kapitel 7.2 wurden in [118] veröffentlicht. Die auf Lignin bezogenen Abschnitt wurden durch zwei Bachelorarbeiten begleitet [119, 120].

7.1 Stoffdaten der Modellkomponenten

Zur Einschätzung der Gleichgewichtslage ist eine Kenntnis der Freien Bildungsenthalpie der betrachteten Biomassekomponenten nötig. Experimentelle Daten sind nur für die wenigsten Biomassekomponenten verfügbar. Es ist daher notwendig die Anwendbarkeit von Abschätzungsmethoden für diese Stoffe zu validieren. Als Modellkomponente wurden hierfür Glucose und daraus aufgebaute Oligosaccharide gewählt, da hier einzelne experimentelle Daten zum Vergleich verfügbar sind.

In Abbildung 7-1 sind experimentelle Werte für die Bildungsenthalpien in der festen Phase für verschiedene Mono- und Oligosaccharide als Funktion der Kettenlänge (Anzahl der Monosaccharideinheiten) dargestellt. Die Werte für unterschiedliche isomere Formen eines Saccharids sind dabei annähernd gleich.

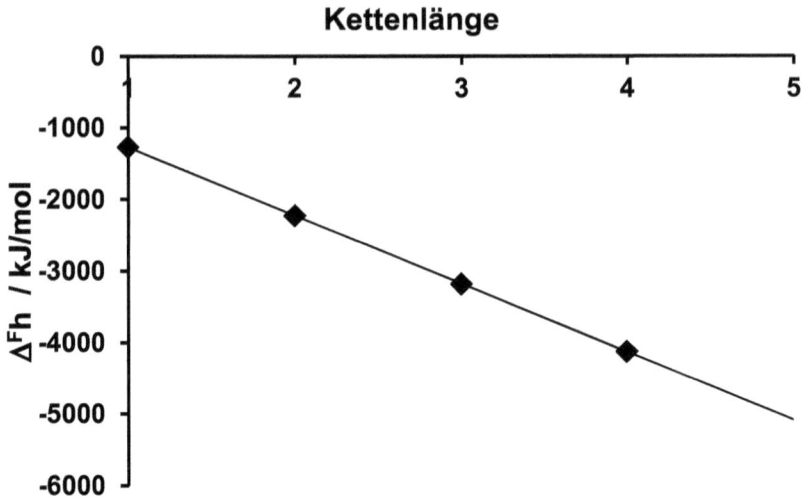

Abbildung 7-1: Bildungsenthalpien einiger Saccharide als Funktion der Kettenlänge [121]

Aufgrund des linearen Verlaufs der Bildungsenthalpie liegt die Vermutung nahe, dass additive Ansätze (Gruppenbeitragsmethoden) geeignete Werkzeuge zur Beschreibung von saccharidartigen Biomassekomponenten darstellen.

Für die Berechnung von Gleichgewichtslagen sind geeignete Modelle für die Beschreibung der Aktivitäten beziehungsweise Fugazitäten in der jeweiligen Phase notwendig. Für die feste Phase sind solche Ansätze jedoch nicht in hinlänglichem Maße verfügbar, weswegen eine Umrechnung in eine andere Phase notwendig ist. Des Weiteren können die Werte für die feste Phase nur verwendet werden, wenn sich das System mit einer festen Saccharidphase im Gleichgewicht befindet. Da für die Umsetzung zu Wasserstoff aber nicht generell gesättigte Lösungen angenommen werden können, ist eine Umrechnung in die Fluidphase unumgänglich. Bei Kenntnis der Wärmekapazitäten in der festen Phase c_P^S und der flüssigen Phase c_P^L, der Schmelzenthalpie Δh^{LS} und der

Schmelztemperatur T^M ist eine Umrechnung der experimentell verfügbaren Bildungsenthalpie in der festen Phase $\Delta^F h^S$ in die Flüssigphase ($\Delta^F h^L$) gemäß Gleichung 7-1 möglich.

$$\Delta^F h^L = \Delta^F h^S + \int_{298,15K}^{T^M} c_P^S dT + \Delta h^{LS} + \int_{T^M}^{298,15K} c_P^L dT \qquad 7\text{-}1$$

In Tabelle 7-1 sind exemplarisch die experimentellen Daten von einigen Oligosacchariden als Funktion der Kettenlänge zusammengestellt. Darüber hinaus sind Werte für die Bildungsenthalpie in der flüssigen Phase dargestellt, die mit Hilfe der Gruppenbeitragsmethode nach Domalski und Hearing [48] ermittelt wurden.

Tabelle 7-1: Bildungsenthapien von kurzkettigen Sacchariden in kJ/mol

Kettenlänge	$\Delta^F s^S$ [122]	$\Delta^F s^L$		
		gemäß Gleichung 7-1 aus $\Delta^F s^S$	Gruppenbeitragsmethode nach [48]	Fehler in %
1	-1269 ± 4,2	-1259	-1258	0.08
2	-2225 ± 3,9	-2206	-2244	1.72
3	-3186	-3166	-3230	2.02
4	-4132	-4111	-4216	2.55

Die mit der Gruppenbeitragsmethode nach Domalski und Hearing abgeschätzten Werte weichen in allen untersuchten Fällen um weniger als 3 % von den experimentellen Werten ab. Es wird im Folgenden daher davon ausgegangen, dass diese Methode zur Modellierung der Bildungsenthalpien von Biomassekomponenten geeignet ist.

In analoger Weise zu Gleichung 7-1 lässt sich die Bildungsentropie in der festen Phase $\Delta^F s^S$ in die Bildungsentropie in der flüssigen Phase $\Delta^F s^L$ umrechnen (Gleichung 7-2).

$$\Delta^F s^L = \Delta^F s^S + \int_{298,15K}^{T^M} \frac{c_P^S}{T} dT + \frac{\Delta h^{LS}}{T_M} + \int_{T^M}^{298,15K} \frac{c_P^L}{T} dT \qquad 7\text{-}2$$

Basierend auf den verfügbaren experimentellen Daten [121] für die feste Phase wurde damit eine Korrelation für die Bildungsentropie von Sacchariden in der flüssigen Phase in Abhängigkeit von der Kettenlänge n aufgestellt:

$$\Delta^F s^L = (-887{,}72 \cdot n - 219{,}21) \frac{J}{mol \cdot K} \qquad 7\text{-}3$$

Aus den Werten für Bildungsenthalpie und –entropie lassen sich die benötigten Werte für die Freie Bildungsenthalpie berechnen, womit sich folgende Näherungsgleichung ergibt:

$$\Delta^F g^L = (-686{,}93 \cdot n - 241{,}14) \frac{J}{mol \cdot K}$$

Die für die Umrechnung auf andere Temperaturniveaus benötigte Wärmekapazität können auf analoge Weise mit Hilfe von Gruppenbeitragsmethoden abgeschätzt werden.

Die zweite Hauptkomponentengruppe pflanzlicher Biomasse neben Sacchariden ist Lignin. Aufgrund seiner geringen Nutzbarkeit in technischen Anwendungen oder der menschlichen Ernährung ist die Verwendung von ligninhaltiger Biomasse zur Wasserstoffherstellung von besonderem Interesse. Lignin ist ein komplexes, nur statistisch beschreibbares Heteropolymer, dessen monomere Grundbausteine sich auf einen C9-Körper zurückführen lassen. Experimentelle Daten zu den Bildungseigenschaften von Lignin sind nicht verfügbar. Aufgrund der statistischen erfassbaren Struktur von Lignin bietet sich daher ebenfalls die Verwendung von Gruppenbeitragsmethoden an. Für ein Nadelholzlignin nach Sakakibara [123] ergibt sich mit der Gruppenbeitragsmethode nach Domalski und Hearing beispielsweise für die Bildungsenthalpie in der hypothetischen Flüssigphase ein Wert von $\Delta^F h^L \approx -531{,}1$ kJ/mol-C9-Einheit.

7.2 Gleichgewichtslage der Wasserstoffbildung aus Biomasse

Es ist allgemein bekannt, dass Methanbildung aus Biomasse thermodynamisch keiner nennenswerten Limitierung unterliegt (vergl. Fermentation). Die Bildung von Methan ist mit Wasserstoff über die Sabatierreaktion gekoppelt:

$$CO_2 + 4\,H_2 \rightleftharpoons CH_4 + 2\,H_2O \qquad \qquad 5\text{-}1$$

Diese Reaktion ist thermodynamisch sehr günstig ($\Delta^R g = -113{,}6$ kJ/mol), wodurch die Rückreaktion zu Wasserstoff sehr ungünstig wird. Thermodynamisch ist bei milden Bedingungen die Bildung von Methan gegenüber der Bildung von Wasserstoff also deutlich überlegen. Es bedarf daher einer Klärung, ob die Bildung von Wasserstoff aus Biomasse bei milden Bedingungen thermodynamisch ebenfalls möglich ist.

Die Wasserstoffbildung aus saccharridartiger Biomasse (z.B. Cellulose) mit n Monomereinheiten pro Molekül läuft gemäß Gleichung 7-4 ab:

$$C_{6n}H_{10n+2}O_{5n+1} + (7n-1)\ H_2O \leftrightharpoons 6n\ CO_2 + 12n\ H_2 \qquad 7\text{-}4$$

Die Reaktion stellt sich als stark endotherm dar ($\Delta^R h$ = +348,8 kJ/mol), was zunächst gegen eine Wasserstoffbildung bei milden Bedingung spricht. Bei einer Betrachtung der Stöchiometrie fällt allerdings auf, dass aus 7 n Molekülen in der Flüssigphase 18 n Moleküle in der Gasphase gebildet werden. Es tritt also ein starker Anstieg der Entropie beim Reaktionsablauf auf, der den Beitrag der Endothermie zur Änderung der Freien Enthalpie kompensieren kann. Die Freie Reaktionsenthalpie $\Delta^R g$ bei Standardbedingungen wird infolge dessen leicht negativ. In erster Näherung kann die Freie Reaktionsenthalpie $\Delta^R g$ der Umsetzung von Sacchariden zu Wasserstoff und Kohlenstoffdioxid aus n Monomereinheit gemäß folgender Gleichung beschrieben werden:

$$\Delta^R g = (-79{,}4 \cdot n + 12{,}6)\ \text{kJ/mol-Saccharid} \qquad 7\text{-}5$$

Die thermodynamische Triebkraft pro mol Wasserstoff liegt bei Standardbedingungen also bei

$$\Delta^R g = \left(-6{,}6 + {}^{1{,}05}\!/_{n}\right)\ \text{kJ/mol-H}_2. \qquad 7\text{-}6$$

Die Triebkraft ist gering, kann bei geeigneten Bedingungen aber dennoch ausreichen, um eine Reaktion zu ermöglichen.
Wie aus Gleichung 7-6 ersichtlich steigt die Triebkraft der Reaktion mit steigender Kettenlänge n an, läuft dabei aber schnell in eine Sättigung

hinein. Die Gleichgewichtsumsätze bei ansonsten gleichen Bedingungen liegen bei langkettigen Sacchariden daher geringfügig über denen von kurzkettigen. Die Unterschiede sind allerdings so gering, dass die Ergebnisse von Glucose auf andere Saccharide ohne weiteres übertragbar sind.

Dient kein Saccharid, sondern Lignin als Ausgangsstoff, so verändert sich die Stöchiometrie der Reaktion. Für ein Nadelholzlignin nach Sakakibara [123] ergibt sich folgende Reaktionsgleichung bezogen auf eine Lignin-C9-Einheit:

$$C_{9,93}H_{10,74}O_{3,34} + 16{,}52\ H_2O \leftrightharpoons 9{,}93\ CO_2 + 21{,}89\ H_2 \qquad \text{7-7}$$

Beim Vergleich mit Gleichung 7-4 fällt auf, dass die Wassermenge auf der Eduktseite für die Umsetzung von Lignin pro mol Wasserstoff um 29,4 % höher liegt als bei einem langkettigen Saccharid. Da sich Wasser energetisch auf einem sehr niedrigen Niveau befindet und daher sehr stabil ist, verringert sich die thermodynamische Triebkraft beim Einsatz von Lignin als Ausgangsstoff gegenüber einem Saccharid als Rohstoff.

In Abbildung 7-2 ist der Gleichgewichtumsatz der Wasserstoffbildung als Funktion des molaren Flüssigphasenanteils bei 313,15 K für ein Saccharid (Glucose als Modellkomponente) und Lignin dargestellt. Es wurde eine Ausgangsmischung im molaren Verhältnis von Glucose zu Wasser von 1 : 18 gewählt. Für Lignin wurde ein Verhältnis von Lignin-C9-Einheit zu Wasser von 1 : 30 gewählt, um der geringeren Löslichkeit und dem höheren stöchiometrischen Wasserbedarf Rechnung zu tragen. Der Einsatz eines zusätzlichen Lösungsmittels wird im Fall von Lignin aber dennoch in der Praxis notwendig werden, sofern die Ligninmoleküle nicht vorher bis auf die Ebene der C9-Einheiten zerkleinert wurden.

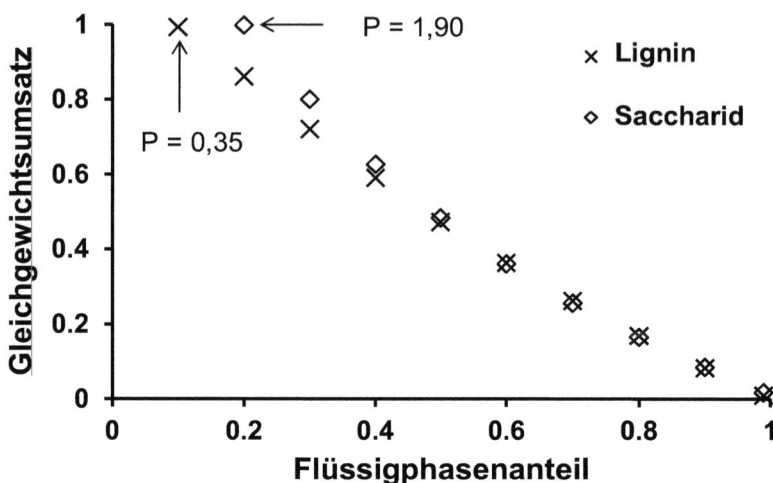

Abbildung 7-2: Gleichgewichtsumsatz der Umsetzung von Glucose bzw. Lignin bei 313,15 K

Bei niedrigem Flüssigphasenanteil (und entsprechend hohem Dampfphasenanteil) sind fast vollständige Umsätze der Glucose aus thermodynamischer Sicht möglich. Um bei einem entsprechenden Prozess nicht in thermodynamische Limitierungen hineinzulaufen ist es wichtig, dass der Systemdruck unterhalb des im Diagramm angegebenen Drucks von 1,9 bar liegt. Wird die Reaktion also bei einem Druck von 1 bar durchgeführt liegt keine Limitierung durch das Reaktionsgleichgewicht vor.

Infolge des großen Entropiezuwachses bei der Wasserstoffbildung sind auch bei Lignin nennenswerten Gleichgewichtsumsätzen möglich. Trotz des höheren angenommenen Wasserüberschusses werden allerdings deutlich niedrigere Systemdrücke benötigt (ca. 0,35 bar bei einer Reaktionstemperatur von 40 °C). Eine erhebliche Verdampfung des Wassers wird in diesem Fall auftreten, was zusätzliche Energie erfordert.

Der Einsatz eines Inertgases zur Senkung der Partialdrücke bei höherem Systemdruck könnte die Limitierung umgehen. Die Verdünnung des entstehenden Wasserstoffs macht eine solche Variante für die Praxis indes nicht sinnvoll. Um dennoch ausreichende Umsätze zu erzielen müsste bei deutlich höheren Temperaturen gearbeitet werden, was eine Biokatalyse aufgrund der zu erwartenden Denaturierung der Enzyme erschwert. Die Nutzung von Lignin zur Wasserstoffproduktion würden dadurch auf nicht-biologische Katalysatoren beschränkt werden.

Die Herstellung von Wasserstoff aus Lignin ist auch bei milderen Bedingungen thermodynamisch möglich. Werden geeignete Bedingungen gewählt ist eine völlige Vermeidung einer Limitierung durch das Reaktionsgleichgewicht möglich. Es ist dabei aus thermodynamischer Sicht nicht notwendig hochwerte Ausgangsstoffe wie Mono- oder Oligosaccharide zu verwenden, was eine Konkurrenz zur menschlichen Ernährung darstellen würde. Auch der Einsatz lignocellulosehaltiger Bioabfälle zur Wasserstoffherstellung ist thermodynamisch möglich. Die Umsetzung der Celluloseanteile ist dabei jedoch gegenüber der Umsetzung des Lignins bevorzugt. Generell ist aber nahezu vollständiger Umsatz zu Wasserstoff für alle Hauptbestandteile pflanzlicher Biomasse möglich.

8 Bewertung von CO_2-Nutzungsreaktionen

Basierend auf den Ergebnissen von Kapitel 5 und Untersuchungen zum Energiebedarf entsprechender Verfahren wurde eine Reihe von Regeln zur schnellen thermodynamischen Einschätzung von neuen CO_2-Nutzungsreaktionen entwickelt. Diese Regeln müssen Antwort auf zwei grundsätzliche Fragen geben: „Ist die Reaktion durch das Reaktionsgleichgewicht in erheblichem Umfang limitiert?" und „Kann die Reaktion effektiv zur Reduzierung von CO_2-Emissionen beitragen?".

Diese Regeln wurden, nach bestem Wissen des Autors, in dieser Form bisher nicht veröffentlicht. Sie ergänzen die in Kapitel 2.4 dargestellten, in der Literatur bereits veröffentlichten Regeln. Sie ersetzen keine gründliche Prüfung von Reaktion und Prozess, sondern dienen zur ersten, schnellen Abschätzung der Tauglichkeit von Verfahren. Die hier vorgeschlagenen Regeln ersetzen weder eine Berechnung der Gleichgewichtslage noch eine komplette Prozesssimulation zur energetischen Bewertung und zum Prozessvergleich.

8.1 Vorabeinschätzung von Gleichgewichtslagen

Um einen nennenswerten, möglichst vollständigen Umsatz zu erreichen muss die Gleichgewichtslage auf der Seite der Produkte liegen. Hierfür ist eine große thermodynamische Triebkraft wichtig, die sich durch die Freie Reaktionsenthalpie $\Delta^R g^+$ quantifizieren lässt. Sind die Daten für die Freie Bildungsenthalpie nicht verfügbar, so lässt sich die Größenordnung der thermodynamischen Triebkraft anhand einiger einfacher Faustformeln abschätzen.

Generell sind die thermodynamischen Triebkräfte von CO_2-Nutzungsreaktionen durch die große Stabilität des CO_2 (niedrige Freie Bildungsenthalpie) gering. Steht Wasser, das zweite Endprodukt der meisten Verbrennungen, auf der Produktseite, so kann dieser Nachteil von CO_2-Nutzungsreaktionen unter Umständen kompensiert werden, da dessen niedriges Energieniveau der Reaktion dann zugute kommt.

$$\nu_A A + \nu_{CO_2} CO_2 \rightleftharpoons \nu_B B + \nu_{H_2O} H_2O \qquad \text{8-1}$$

Wird pro eingesetztem CO_2-Molekül nur ein mol Wasser gebildet, so ist die Triebkraft im Normalfall immer noch sehr gering, da die Freie Bildungsenthalpie des Wassers ($\Delta^F g^+ = -228,6$ kJ/mol) die des CO_2 ($\Delta^F g^+ = -393,5$ kJ/mol) nicht voll kompensieren kann. Erst wenn gilt

$$\nu_{H_2O} \geq 2 \cdot |\nu_{CO_2}|, \qquad \text{8-2}$$

kann in der Regel Überkompensation angenommen werden. Ein kurzer Blick auf die Reaktionsgleichung erlaubt so vielfach eine erste Einschätzung der Gleichgewichtslage. So sind Carboxylierungen (Kapitel 5.2), bei denen kein Wasser entsteht, thermodynamisch nicht realisierbar. Das Gleiche gilt auch für die in den Kapiteln 5.3.2, 5.4 und 5.9.2 beschriebenen Reaktionen, bei denen zwar Wasser entsteht, die aber nicht Bedingung 8-2 erfüllen. Thermodynamisch realisierbar ist hingegen die in Kapitel 5.8 beschriebene Synthese (Einbau des C-Atoms unter vollständiger Abspaltung des Sauerstoffs), bei der pro CO_2-Molekül zwei Wassermoleküle gebildet werden und Bedingung 8-2 somit erfüllt ist. Es existieren jedoch eine Reihe von Ausnahmen von dieser Faustformel, bei denen, obwohl Bedingung 8-2 nicht erfüllt ist, dennoch nennenswerte Gleichgewichtsumsätze erreicht werden.

Bei der Synthese von cyclischen Carbonaten aus Epoxiden (Kapitel 5.3.1) oder der Telomerisation (Kapitel 5.7) werden energetisch auf sehr hohem

Niveau befindliche Co-Edukte eingesetzt. Dies führt zu einer ausreichenden thermodynamischen Triebkraft, um die Reaktion bei geeigneten Bedingungen durchzuführen. Die Formylierung von Aminen (Kapitel 0) erfüllt Bedingung 8-2 ebenfalls nicht und ihre thermodynamische Triebkraft ist eher gering. Dennoch ist innerhalb gewisser Grenzen Umsetzung möglich. Allerdings wird auch hier elementarer Wasserstoff eingesetzt. Von den untersuchten Reaktionen weist lediglich die in Kapitel 5.6 dargestellte Synthese von Aldehyden und Alkoholen eine ausreichende Triebkraft auf, um nennenswerte Umsätze zu erreichen, obwohl sie Bedingung 8-2 nicht erfüllt. Entscheidend ist dabei, dass eine Hydrierung einer ungesättigten Verbindung auftritt.

Die Hydrierung von ungesättigten Verbindungen ist thermodynamisch äußerst günstig. Die Freie Reaktionsenthalpie bewegt sich zwischen $\Delta^R g^+ \approx -82$ kJ/mol für die einfache Hydrierung einer Doppelbindung und $\Delta^R g^+ \approx -132$ kJ/mol für die Hydrierung einer Dreifachbindung zu einer Doppelbindung. Liegt daher eine Reaktion der Form

$$\text{unges. Edukt} + CO_2 + H_2 \rightleftharpoons \text{ges. Produkt} \qquad 8\text{-}3$$

vor, so wird in der Regel eine ausreichende thermodynamische Triebkraft erreicht. Dabei muss berücksichtigt werden, dass derartige Reaktionen stets in zwei Schritten ablaufen. Es können dabei zwei Grundtypen unterschieden werden:

$$\text{unges. Edukt} + CO_2 + H_2 \rightleftharpoons \text{unges. Zwischenprodukt} + H_2 \rightleftharpoons$$
$$\rightleftharpoons \text{ges. Produkt} \qquad 8\text{-}4$$

unges. Edukt + CO_2 + H_2 ⇌ ges. Zwischenprodukt + CO_2 ⇌

⇌ ges. Produkt   8-5

Nur bei Reaktionen vom Typ 8-4 ist davon auszugehen, dass durch die Hydrierung eine Kompensation der niedrigen Triebkraft der CO_2-Ankoppelung erreicht wird. Das Gleichgewicht des ungünstigen ersten Reaktionsschritts wird dabei durch die Entfernung des ungesättigten Zwischenprodukts aus dem Gleichgewicht zu höherem Umsatz verschoben. Im Fall von Reaktionstyp 8-5 bleibt die Reaktion nach der Hydrierung stehen, da der zweite Reaktionsschritt thermodynamisch ungünstig ist.

Ein weiteres Beispiel für eine ansonsten thermodynamisch nicht realisierbare Synthese, die durch die Koppelung mit einer Hydrierung realisierbar wird, ist die Carboxylierung von 1,3-Butadien mit nachgeschalteter Hydrierung zur Herstellung von Adipinsäure.

$$\text{CH}_2=\text{CH-CH}=\text{CH}_2 + 2\,CO_2 + 2\,H_2 \rightleftharpoons \text{HOOC-(CH}_2)_4\text{-COOH} \qquad 8\text{-}6$$

Würde die Synthese direkt aus Butan und CO_2 erfolgen, so wäre aufgrund der sehr geringen thermodynamischen Triebkraft von $\Delta^R g^+ = +118{,}3$ kJ/mol kein nennenswerter Umsatz möglich. Durch die Koppelung steigt die Triebkraft jedoch auf $\Delta^R g^+ = -47{,}4$ kJ/mol. Wichtig ist dabei, dass die Katalyse so ausgelegt ist, dass die Hydrierung erst nach der Carboxylierung erfolgt.

Ist der Reaktionsmechanismus geeignet, so lässt sich durch Koppelung einer CO_2-Nutzungsreaktion mit einer Hydrierung häufig ein verwertbarer Gleichgewichtsumsatz erzielen. Es sollte dabei jedoch bedacht werden, dass die Bereitstellung von Wasserstoff und der entsprechenden ungesättigten Verbindung in der Regel deutlich energieintensiver ist als die Bereitstellung der entsprechenden gesättigten Verbindung.

8.2 Vorabeinschätzung der Effektivität

8.2.1 Gebundene CO_2-Menge

Um einen substanziellen Beitrag zur Reduzierung von CO_2-Emissionen zu leisten, muss eine möglichst große Menge an CO_2 im erzeugten Produkt gebunden werden. Als einfaches Kriterium zur Beurteilung der Effektivität von CO_2-Bindung bietet sich daher das Massenverhältnis von gebildeter Produktmenge zu gebundenem CO_2 an (Gleichung 8-7):

$$pMQ = \frac{m_{erzeugtes\ Produkt}}{m_{eingesetztes\ CO_2}} = \frac{M_{Produkt}}{M_{CO_2} \cdot N_{CO_2}} \qquad \text{8-7}$$

Der produktbasierte Massenquotient pMQ lässt sich dabei aus den molaren Massen M und der Anzahl der CO_2-Moleküle N_{CO_2}, die pro gebildetem Produktmolekül gebunden wurden (in der Regel $N_{CO_2} = 1$), berechnen. Nimmt der pMQ einen sehr großen Wert an, so werden auch in großen Mengen des gebildeten Produkts nur geringe Mengen an CO_2 fixiert und die Reaktion ist zur Fixierung von CO_2 nur eingeschränkt geeignet. Ein Nachteil dieses Bewertungsansatzes ist der Umstand, dass die benötigte Menge an Co-Edukten, die mit dem CO_2 reagieren müssen, dadurch nicht erfasst wird. Bei Reaktionen bei denen neben dem gewünschten Produkt noch weitere Produkte gebildet werden, wird die Effektivität damit überschätzt. Dies gilt insbesondere dann, wenn diese weiteren Produkte hohe molare Massen aufweisen. Aus diesem Grunde bietet sich die Einführung des Co-eduktbasierten Massenquotienten eMQ an, bei dem die

Masse aller Edukte außer CO_2 auf die Masse an verbrauchtem CO_2 bezogen wird (Gleichung 8-8):

$$eMQ = \frac{m_{eingesetzte\ Co-Edukte}}{m_{eingesetztes\ CO_2}} = \frac{\sum_i M_i \cdot N_i}{M_{CO_2} \cdot N_{CO_2}} \qquad 8\text{-}8$$

Für den eMQ gilt ebenfalls wieder, dass ein hoher Wert einen Hinweis auf eine geringe Eignung zur CO_2-Fixierung und damit zur Emissionsreduzierung darstellt. Es empfiehlt sich jedoch stets beide Massenquotienten zu betrachten. Die Massenquotienten für verschiedene potentielle Produkte von CO_2-Nutzungsreaktionen sind in Abbildung 8-1 dargestellt.

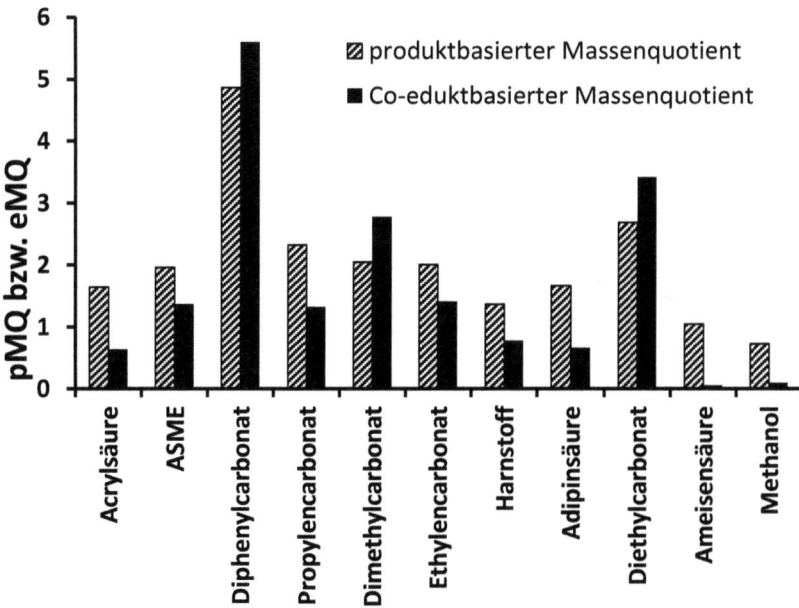

Abbildung 8-1: Massenquotienten verschiedener potentieller Produkte

Es fällt auf, dass der pMQ in der Regel einen höheren Wert annimmt als der eMQ. Dies ist auf die relativ hohe molare Masse von CO_2 zurückzuführen, die bei Reaktionen mit Einbau des CO_2-Moleküls zur molaren Masse der Edukte hinzukommt. Auch bei Reaktionen mit Bildung eines weiteren Produktes bleibt der Wert des eMQ häufig unterhalb dem des pMQ, wie bei der Bildung von Acrylsäuremethylester (ASME), da das gebildete Wasser eine deutlich geringere molare Masse aufweist als das eingesetzte CO_2. Bei Reaktionen mit Bildung von weiteren Produkten von höherer Molmasse steigt der eMQ jedoch über den pMQ hinaus. Beispielsweise bei der Bildung von Kohlensäurediestern (Diphenyl-, Dimethyl-, Dimethylcarbonat) über die Reaktion von CO_2 mit Propylenoxid mit anschließender Umesterung fällt der pMQ wegen der großen molaren Masse des entstehenden Propylenglycols unter den eMQ.

Methanol ist, neben Methan und Formaldehyd, das einzige potentielle Produkt, das einen pMQ kleiner 1 aufweist, da pro kg Methanol 1,37 kg CO_2 gebunden sind. Dies ist möglich, da das ebenfalls entstehende Wasser etwa ein Drittel der Masse des CO_2 aufnimmt.

Reaktionen bei denen lediglich Wasserstoff als Co-Edukt auftritt (Ameisensäure, Methanol, Formaldehyd, Methan) weisen sehr niedrige Werte für den eMQ auf (unter 0,1). Der geringe Aufwand an Co-Edukten wird jedoch durch die sehr geringe molare Masse des Wasserstoffs vorgetäuscht, da der Energieaufwand zur Herstellung eines mol Wasserstoffs relativ hoch ist. Einen erheblichen Schwachpunkt der Massenquotienten stellt die nur geringfügige Eignung zur Erfassung von Wasserstoff als Bewertungskriterium dar.

8.2.2 Bereitstellung der Co-Reaktanden

8.2.2.1 Wasserstoffäquivalentwerte

Die Bereitstellung von Wasserstoff erfordert einen erheblichen Aufwand an Primärenergie. Die regenerative Erzeugung von Wasserstoff ist gegenwärtig noch weit von einer flächendeckenden Einführung entfernt. Um die Schwäche der Massenquotienten bei der Berücksichtigung von Wasserstoff zu kompensieren, sollte stets eine separate Betrachtung des Wasserstoffbedarfs erfolgen. Generell gilt, dass ein niedriger Bedarf an Wasserstoff positiv für die Energie- und damit die CO_2-Bilanz des Prozesses ist. Bei den meisten CO_2-Nutzungsreaktionen wird jedoch nicht nur ein Co-Edukt benötigt. Um verschiedene Edukte zu vergleichen ist eine Gewichtung nötig. Im Folgenden soll daher versucht werden eine Gewichtung für verschiedene Stoffe relativ zu Wasserstoff herzustellen.

Technisch wird Wasserstoff gegenwärtig in erster Linie aus Kohlenwasserstoffen gewonnen. Die H_2-Herstellung durch Dampfreformierung (engl. steam reforming) eines Kohlenwasserstoffs mit anschließender Wassergas-Shift-Reaktion lässt sich gemäß folgendem Schema darstellen.

$$C_nH_mO_o + (n - o)\, H_2O \leftrightharpoons n\, CO + (m/2 + n - o)\, H_2 \qquad 8\text{-}9$$

$$CO + H_2O \leftrightharpoons CO_2 + H_2 \qquad 2\text{-}2$$

Dementsprechend lässt sich jedem Kohlenwasserstoff eine aus ihm erzeugbare Menge an Wasserstoff als „Wasserstoffäquivalent" zuweisen. Wird der Wasserstoffäquivalentwert WAE von Wasserstoff gleich eins gesetzt, so ergibt sich für einen beliebigen Kohlenwasserstoff $C_nH_mO_o$:

$$WAE = \frac{m}{2} + 2n - o. \qquad \text{8-10}$$

Die Summe der Wasserstoffäquivalentwerte der Edukte stellt ein einfaches Maß für den Aufwand zu ihrer Bereitstellung dar. Für Methan ergibt sich beispielsweise ein WAE von 4. Die Verbrennungsenthalpie von Methan liegt um einen Faktor 3,32 über der von Wasserstoff [124]. Die WAE-Werte von 0 für CO_2 oder Wasser entsprechen dem Umstand, dass diese Stoffe nicht verbrennbar sind und ihre Bereitstellung nur einen vergleichsweise geringen Aufwand erfordert. Der Ansatz trägt damit in erster Näherung den unterschiedlichen Brennwerten der Stoffe und der Schwierigkeit ihrer Bereitstellung Rechnung.

Der WAE-Ansatz ist auf Kohlenstoffwasserstoffe beschränkt. Werden weitere Ausgangsstoffe benötigt, so können diese nicht sinnvoll erfasst werden. Für einzelne Stoffe wie Sauerstoff oder Wasserstoffperoxid würde sich bei konsequenter Anwendung der Berechnungsregel nach Gleichung 8-10 sogar ein negativer WAE-Wert ergeben. Da die Bereitstellung dieser Ausgangsstoffe ebenfalls zu Kosten, Energieverbrauch und CO_2-Emissionen beiträgt, ist deren Berücksichtigung nötig.

8.2.2.2 Chemische Exergie der Edukte

Die chemische Exergie einer Verbindung lässt sich aus ihrer Freien Bildungsenthalpie und der chemischen Exergie der sie bildenden Elemente gemäß Gleichung 2-9 berechnen.

$$Ex_{chem} = \Delta^F g + \sum_j v_j \cdot Ex_{chem,j} \qquad \text{2-9}$$

Die Differenz zwischen eingesetzter und erhaltener Exergie eines Prozesses sollte stets minimiert werden. Da Edukte und Produkte aus denselben Elementen aufgebaut sind kürzen sich die Beiträge der Elemente bei der Berechnung der chemischen Reaktionsexergie heraus. Der Verlust an chemischer Exergie in der Reaktion ist daher gleich der Freien Reaktionsenthalpie. Da die thermodynamische Triebkraft gerade bei CO_2-Nutzungsreaktionen in der Regel kritisch ist, sollte daher keine Minimierung des Verlusts an chemischer Exergie im Reaktionsschritt angestrebt werden, sondern auf eine Minimierung über eine Reduzierung des Energiebedarfs des Prozesses hingearbeitet werden.

Die chemische Exergie der Edukte kann hingegen als schnelles Kriterium dienen, um den Aufwand zur Bereitstellung der Edukte abzuschätzen, da diese den verfügbaren Energieinhalt jeder Komponente beschreibt. Die Bereitstellung einer Komponente kann als umso aufwendiger angesehen werden, je größer ihre chemische Exergie ist.

Je höher die Summe der Exergien der Edukte ist, desto größer ist der Aufwand zu deren Bereitstellung. Ist diese Summe für eine neue Reaktion geringer als für die Reaktion des Vergleichsprozesses, so besteht ein Potential um beispielsweise eine bessere CO_2-Bilanz zu erzielen.

Falls keine experimentellen Daten verfügbar sind, kann die chemische Exergie mit der von Fratzscher *et al.* [125] vorgestellten Gruppenbeitragsmethode abgeschätzt werden. Basierend auf dieser Methode ist eine einfache Abschätzung für Kohlenwasserstoffe basierend auf ihrer chemischen Struktur möglich. Auch hier wird wiederum eine Normierung auf Wasserstoff vorgenommen. Der Wasserstoffbezogene Exergiewert WEx einer Komponente i berechnet sich damit aus den molaren, chemischen Exergien Ex_{chem} zu

$$WEx_i = \frac{Ex_{chem,i}}{Ex_{chem,H_2}} \qquad \text{8-11}$$

Mit der Kettenlänge n und der Anzahl an Doppelbindungen p ergibt sich WEx näherungsweise zu

$$WEx = 2{,}77 \cdot (n-2) - 0{,}59 \cdot p + 6{,}33 \qquad \text{8-12}$$

Die Abweichungen zu einer Berechnung der chemischen Exergien aus den Freien Bildungsenthalpien und den Exergien der Elemente beträgt weniger als 0,4 %. Auch nach diesem Kriterium zeigt sich, dass der Aufwand zur Bereitstellung der Edukte für das neue Verfahren zur Butanalherstellung deutlich geringer ist als für das konventionelle.

In Abbildung 8-2 sind die WAE- und WEx-Werte der Edukte einiger CO_2-Nutzungsreaktionen zusammen dargestellt.

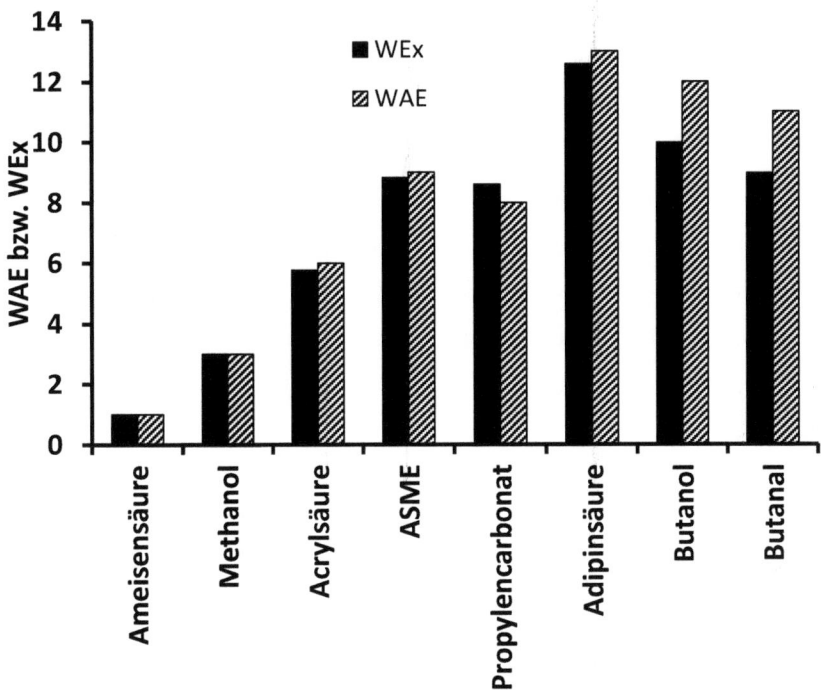

Abbildung 8-2: WAE- und WEx-Werte für ausgewählte Reaktionen

Mit steigender Molekülgröße nehmen sowohl die WAE- als auch die WEx-Werte der Edukte zu. Dies legt nahe, dass eine CO_2-Nutzungsreaktionen zur effektiven Emissionsreduzierung möglichst auf ein kleines Molekül zielen sollte.

Die Wasserstofferzeugungspotentiale der Edukte der konventionellen Prozesse (sofern ein kohlenwasserstoffbasierter Alternativprozess existiert) sind gleich denen bei den entsprechenden CO_2-Nutzungsreaktionen. Eine Überlegenheit einer der beiden Prozessvarianten über die andere kann daher von diesem Kriterium ausgehend nicht gefolgert werden. Die chemische Exergie der Edukte bei der CO_2-Nutzungsreaktion liegt hingegen sowohl für Acrylsäure, den entsprechenden Methylester als auch für Butanal zwischen 8 und 11 % unter der des konventionellen Prozesses.

Der Unterschied ist nicht ausreichend, um eine Überlegenheit des neuen Ansatzes zu folgern. Es gibt jedoch einen Hinweis darauf, dass die entsprechenden CO_2-Nutzungsreaktionen prinzipiell über Potential verfügen.

Ein Schwachpunkt dieser Bewertungskriterien ist der Umstand das ungesättigte Verbindungen ein geringeres Wasserstoffbildungspotential beziehungsweise eine geringere chemische Exergie besitzen als die analogen gesättigten Verbindungen. Tatsächlich ist die Bereitstellung von ungesättigten Verbindungen vielfach deutlich aufwendiger und kostenintensiver als für die entsprechenden gesättigten Verbindungen. Zum Vergleich einer Reaktion mit Alkenen als Edukt und einer Reaktion ohne Alkene als Edukt ist dieses Kriterium daher nur eingeschränkt geeignet.

8.2.3 Simultane Betrachtung verschiedener Faktoren

8.2.3.1 Reaktionsenthalpie und -temperatur

Bei der Zu- und Abfuhr von Wärme ist neben der Wärmemenge das Temperaturniveau entscheidend. Die Exergie eines Wärmestroms Q ergibt sich als Funktion seiner Temperatur T_Q und der Umgebungstemperatur T_U zu

$$Ex = Q \cdot (1 - \frac{T_U}{T_Q}).$$

8-13

Der Exergiebedarf ist also umso höher, je höher die Temperatur ist bei der Wärme zugeführt werden muss. Umgekehrt ist der Gewinn an Exergie durch Wärmeabfuhr umso größer, je höher die Temperatur des Wärmestroms ist. Um Wärmeintegration zu ermöglichen, sollten daher abgeführte Wärmeströme ein möglichst hohes Temperaturniveau aufweisen und zugeführte ein möglichst niedriges. In Abbildung 8-3 sind die Reaktionstemperaturen verschiedener CO_2-Nutzungsreaktionen über ihrer Reaktionsenthalpie aufgetragen. Zusätzlich sind Isoexergielinien in Schritten bezogen auf eine Umgebungstemperatur von 25 °C eingezeichnet. Der Bedarf beziehungsweise die Gewinnung von thermischer Exergie beim Ablauf zweier Reaktionen ist gleich, wenn sie sich auf der gleichen Isoexergielinie befinden.

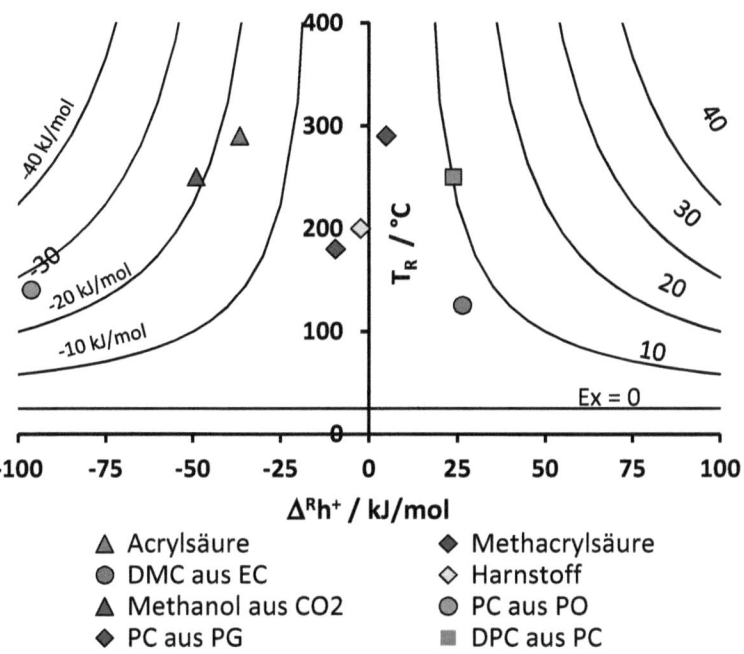

▲ Acrylsäure   ◆ Methacrylsäure
● DMC aus EC   ◇ Harnstoff
▲ Methanol aus CO2   ○ PC aus PO
◆ PC aus PG   ■ DPC aus PC

Abbildung 8-3: Voraussichtliche Reaktionstemperatur über Reaktionsenthalpie für verschiedene CO_2-Nutzungsreaktionen, Exergie des Wärmebedarfs der Reaktion

Für exotherme Reaktionen wäre eine hohe Reaktionstemperatur vorteilhaft (links oben im Diagramm), für endotherme dagegen eine niedrige. Reaktionen, die im rechten, oberen Bereich ablaufen sind daher aus exergetischer Sicht nachteilig. Für die Bewertung von Reaktionen ist vor allem der rechte Teil des Diagramms wichtig (Bereich der Exergiezufuhr), da die Abwärme von exothermen Reaktionen häufig bereits zum Vorheizen der Reaktionsmischung aufgebraucht wird. In Abbildung 8-4 sind einige endotherme Reaktionen im „Exergieplot" dargestellt. DMC bezeichnet darin Dimethylcarbonat, DPC Diphenylcarbonat, EC Ethylencarbonat, PC Propylencarbonat und PO Propylenoxid. Isoexergielinien sind dabei wieder in Schritten von 10 kJ/mol eingezeichnet.

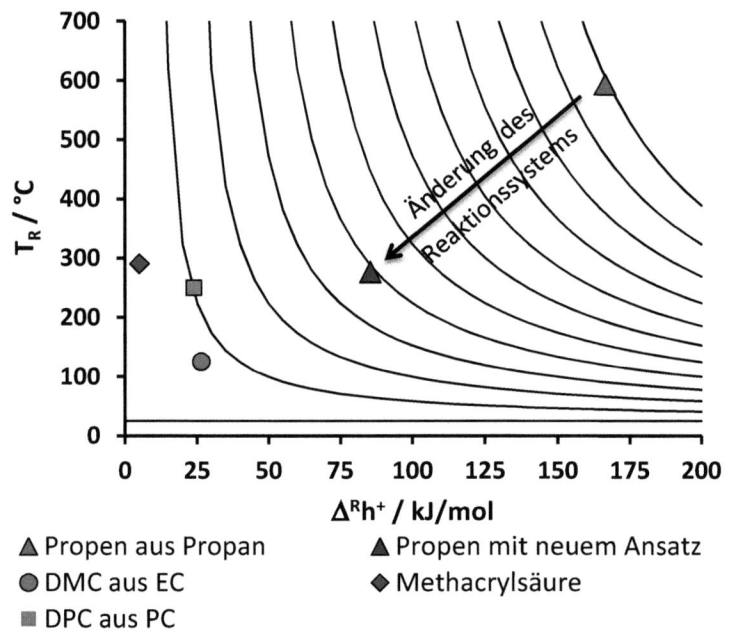

Abbildung 8-4: Reaktionstemperatur über Reaktionsenthalpie für die oxidative Dehydrierung von Propan zu Propen (konventionell und mit dem in Kapitel 6.2 beschriebenen neuen Ansatz) und Vergleichsreaktionen

Es fällt auf, dass der Exergiebedarf der Synthese von Dimethylcarbonat und Methacrylsäure näherungsweise gleich ist. Der Exergiebedarf der

Diphenylcarbonatsynthese ist jedoch, trotz des geringfügig geringeren Energiebedarfs, höher als für die Dimethylcarbonatsynthese. Nichtsdestotrotz ist auch der Exergiebedarf zur Durchführung dieser Reaktion mit 10,3 kJ/mol relativ gering.

Für die Durchführung der in Kapitel 5.9.2 beschriebenen oxidativen Dehydrogenierung von Propan mit CO_2 zu Propen wird, bei in der Literatur üblicherweise genannten Reaktionsbedingungen [110-112], eine große Menge an thermischer Exergie benötigt. Durch eine geeignete Nutzung von Nebenreaktionen, wie in Kapitel 6.2 beschrieben, lässt sich die Reaktion nicht nur bei deutlich geringeren Temperaturen durchführen, sondern auch der Wärmebedarf selbst geht erheblich zurück. Für Abbildung 8-4 wurde die Temperaturen für beide Fälle so gewählt, dass die gleiche Propenausbeute im Gleichgewicht erreicht wird. Die Änderung der Lage im „Exergieplot" erfolgt dabei fast senkrecht zu den Isoexergielinien. Die Maßnahme ist daher prinzipiell sehr effizient zur Reduzierung des Bedarfs an thermischer Exergie. Pro mol Propen wird so nicht einmal mehr die Hälfte der thermischen Exergie zur Reaktionsdurchführung benötigt (41,06 kJ/mol-Propen, statt 110,8 kJ/mol-Propen).

Für den Exergiebedarf eines Prozesses ist zusätzlich der, häufig dominante, Exergiebedarf der Stofftrennung relevant. Dennoch lässt sich durch eine Auftragung von Reaktionstemperatur und Reaktionsenthalpie im Exergieplot ein zügiger Vergleich von verschiedenen Reaktionen und Varianten der Reaktionsführung bezüglich des Bedarfs an Exergie durchführen. Gleichzeitig lässt sich daran erkennen welche Verbesserungen Potential für eine wirkliche Optimierung haben. So stellt für eine Reaktion, die sich im linken, oberen Bereich von Abbildung 8-4 befindet, eine Reduzierung der Temperatur keine nennenswerte Verbesserung dar, da die Veränderung näherungsweise parallel zu den Linien konstanter Exergie verliefe. Eine Änderung des Wärmebedarfs stellt in diesem Bereich hingegen eine Verschiebung senkrecht zu den Linien konstanter Exergie dar. Umgekehrt führt im rechten unteren Bereich vor allem eine Änderung der Temperatur zu einer Änderung des Exergiebedarfs, während eine Änderung des Energiebedarfs nur geringe Wirkung hat.

8.2.3.2 Thermodynamische Triebkraft und Trennaufwand

Der Aufwand zur Trennung des Reaktionsgemisches hängt von verschiedenen Faktoren ab. Aufgrund des Umstandes, dass verschiedene potentielle Trennoperationen existieren, ist eine einfache Voreinschätzung des Trennaufwands zum Prozessvergleich nur sehr eingeschränkt möglich. Zwei sehr einfache Indikatoren für den Trennaufwand sind die thermodynamische Triebkraft und der Trennfaktor. Je geringer die thermodynamische Triebkraft der Reaktion ist, desto größer ist der Aufwand zur Produktaufreinigung. Daher ist eine negative Freie Reaktionsenthalpie ein Hinweis auf eine einfache Trennung, da höhere Umsätze erzielt werden können und mit geringeren Überschüssen einzelner Edukte gearbeitet werden kann (über die Abtrennung eventueller weiterer Produkte wird dadurch keine Aussage getroffen). Ein hoher Trennfaktor ist ein Hinweis auf eine gute destillative Trennbarkeit des Gemisches (über die Schwierigkeit in anderen Trennverfahren lässt sich basierend darauf keine Aussage treffen). Als Werkzeug zur Voreinschätzung der Trennbarkeit ist der Trennfaktor jedoch nur eingeschränkt geeignet, da er temperatur- und vor allem konzentrationsabhängig ist. Des Weiteren ist bei neuen Stoffen vielfach die Dampfdruckkurve vor Beginn der Prozessentwicklung kaum bekannt. Die Normalsiedetemperaturen T_{Sied} sind in der Regel hingegen deutlich leichter verfügbar. Die Differenz der Normalsiedetemperaturen von Produkten und Edukten ΔT_{Sied} kann daher als einfacher Indikator für die destillative Trennbarkeit dienen. Problematisch ist bei dieser

Betrachtung, dass azeotrope Gemische auf diese Weise nicht erkannt werden.

Verschiedene Bereiche für den zu erwartenden Trennaufwand, abhängig von Freier Reaktionsenthalpie und Differenz der Normalsiedetemperaturen, sind in Abbildung 8-5 dargestellt.

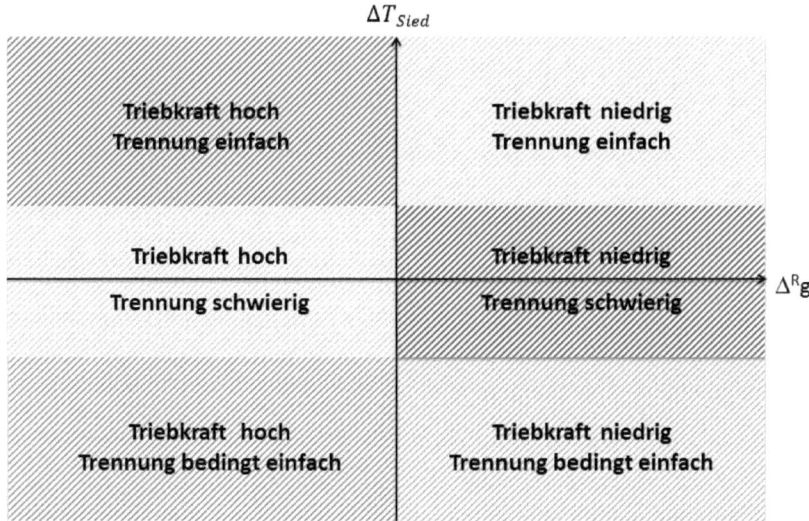

Abbildung 8-5: Bereiche für den zu erwartenden Trennaufwand in einer Destillation

Bei einer stark negativen Freien Reaktionsenthalpie und einem deutlich höheren Normalsiedepunkt des Produktes (linker, oberer Bereich) kann davon ausgegangen werden, dass der Aufwand zur Aufreinigung des Produktes niedrig ist. Im gelb schraffierten, linken mittleren Bereich sind hohe Umsätze zu erwarten. Gehen diese hingegen nicht gegen eins oder muss mit einem Überschuss an einem anderen Edukt als CO_2 gearbeitet werden, so ist eine schwierige Auftrennung zu erwarten. Umgekehrt ist im zweiten gelb schraffierten Bereich (rechts, oben) ein geringer Umsatz zu erwarten, die Abtrennung nicht umgesetzter Edukte ist mit hoher

Wahrscheinlichkeit aber relativ einfach zu lösen. Besonderes Augenmerk muss auf Reaktionen im roten Bereich (rechts, Mitte) gerichtet werden, da hier aufgrund niedriger zu erwartender Umsätze und gleichzeitig schwieriger Auftrennung ein hoher Energieaufwand für die Rückführung nicht umgesetzter Edukte zu erwarten ist. Im unteren Bereich des Diagramms ist prinzipiell ein ähnlicher Schwierigkeitsgrad der Eduktabtrennung zu erwarten, wie im an der Abszisse gespiegelten Bereich. Da das, meist im Überschuss verwendete, CO_2 sehr flüchtig ist und daher bevorzugt über die Dampfphase abgetrennt wird, ist eine Aufreinigung in diesem Bereich potentiell aufwendiger, da das Produkt in diesem Fall mit dem CO_2 über die Dampfphase entweichen würde und anschließend ein zusätzlicher Trennschritt nötig wäre. Da bei der stofflichen Nutzung von CO_2 die Molekülgröße in der Regel steigt, ist die Normalsiedetemperatur des Produktes im Normalfall ebenfalls höher und die meisten Prozesse befinden sich in der oberen Hälfte von Abbildung 8-5. In Abbildung 8-6 sind verschiedene potentielle CO_2-Nutzungsreaktionen nach Normalsiedetemperaturdifferenz über der thermodynamischen Triebkraft aufgetragen.

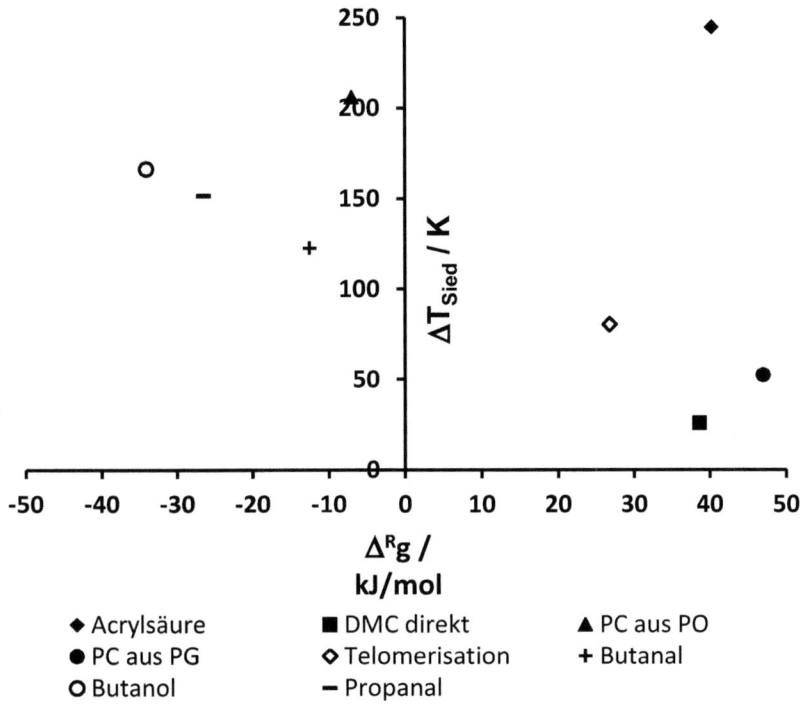

Abbildung 8-6: Siedetemperaturdifferenz verschiedener CO_2-Nutzungsreaktionen über der thermodynamischen Triebkraft

Es ist zu erkennen, dass die vielfach in der Literatur beschriebene direkte Synthese von Dimethylcarbonat aus CO_2 und Methanol [91-94] nicht nur durch das Gleichgewicht, sondern auch durch die Trennbarkeit der Produkte limitiert ist. Eine industrielle Umsetzung eines solchen Prozesses ist daher nicht sinnvoll. Bei der in Kapitel 5.7 beschriebenen Telomerisation ist dagegen immer noch ein beträchtlicher Trennaufwand zu erwarten, aufgrund der Lage weiter links oben ist jedoch eine deutlich bessere Prozessperformance zu erwarten. Besonders geringer Aufwand zur Eduktabtrennung ist bei der in Kapitel 5.6 beschriebenen Synthese von Aldehyden und Alkoholen zu erwarten. Der Trennaufwand bei der Alkoholherstellung ist dabei voraussichtlich noch geringer als beim weiter rechts unten liegenden korrespondierenden Aldehyd. Mit steigender Kettenlänge steigt der Trennaufwand in beiden Fällen.

Das hier beschriebene Kriterium erfasst lediglich den Aufwand zur Abtrennung nicht umgesetzten Edukts vom Produkt. Die Abtrennung von Nebenprodukten wird davon nicht erfasst und muss gegebenenfalls separat betrachtet werden. Ein sehr häufiges Nebenprodukt bei CO_2-Nutzungsreaktionen ist Wasser. Da Wasser eine sehr hohe Verdampfungsenthalpie besitzt ist seine Abtrennung über Kopf einer Destillationskolonne energetisch sehr ungünstig. Wird Wasser in einer Reaktion gebildet und ist leichter siedend als das gewünschte Produkt, so ist ein sehr großer Energieaufwand für die Trennung zu erwarten. Des Weiteren ist ein großer Energieaufwand für die Trennung bei Reaktionen zu erwarten, die unter Verwendung eines Lösungsmittels durchgeführt werden.

Ein Überblick über die vorgeschlagenen Bewertungskriterien wird in

Tabelle 8-1 gegeben.

Tabelle 8-1: Überblick über die vorgestellten Vorabbewertungskriterien

Kriterium	Betrachteter Aspekt	Ziel
$v_{H_2O} \geq 2 \cdot |v_{CO_2}|$?	Gleichgewichtslage	Erzeugtes Wasser soll niedriges $\Delta^F g$ von CO_2 kompensieren
Hydrierung im zweiten Reaktionsschritt?	Gleichgewichtslage	Hydrierung soll Zwischenprodukt aus System entfernen
pMQ	Effektivität der CO_2-Bindung	Maximierung der CO_2-Fixierung pro erzeugter Produktmenge
eMQ	Effektivität der CO_2-Bindung	Maximierung der CO_2-Fixierung pro eingesetzter Eduktmenge
WAE	Eduktbereitstellung	Minimierung des CO_2-Rucksacks
WEx	Eduktbereitstellung	Minimierung des CO_2-Rucksacks
$\Delta^R h$ vs. $T_{Reaktion}$	Energiebedarf des Verfahrens	Optimierung des Wärmebedarfs
$\Delta^R g$ vs. ΔT_{Sied}	Trennaufwand	Minimierung des Trennaufwands

8.3 Auswahl der Prozessparameter

Die Auswahl von Prozessparametern wie Reaktionstemperatur und -druck hat einen erheblichen Einfluss auf die Gesamtenergiebilanz des Verfahrens. Da die Kompression von Gasen einen hohen Exergiebedarf verursacht und bei CO_2-Nutzungsreaktionen stets mindestens ein gasförmiges Edukt auftritt, sollte angestrebt werden die Reaktion möglichst bei nicht zu stark erhöhtem Druck durchzuführen.

Für viele CO_2-Nutzungsreaktionen ist jedoch ein deutlich erhöhter Mindestreaktionsdruck erforderlich, um eine Kondensation des Produktes zu erreichen. Wird dieser Druck unterschritten kommt es zu einem Einbruch des Gleichgewichtsumsatzes. Dieses Verhalten tritt beispielsweise bei der Herstellung cyclischer Carbonate aus Epoxiden, der Synthese von Alkoholen oder Aldehyden (wie in Kapitel 5.6 dargestellt) oder dem in Kapitel 5.8 beschriebenen Einbau des C-Atoms unter Sauerstoffabspaltung auf. Exemplarisch ist die Abhängigkeit der erreichbaren Butanalausbeute vom Druck für verschiedene Temperaturen in Abbildung 8-7 dargestellt.

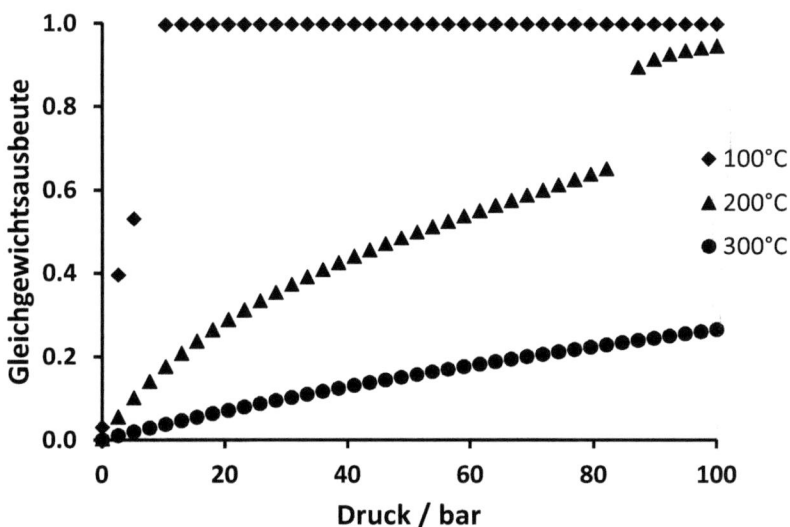

Abbildung 8-7: Gleichgewichtsausbeute an Butanal als Funktion des Druckes für eine stöchiometrische Ausgangsmischung

Eine erhebliche Bedeutung für die Gleichgewichtsausbeute kommt dem Phasenverhältnis zu. Nur wenn Kondensation der Produkte auftritt, können hohe Gleichgewichtsumsätze erreicht werden, da durch die Kondensation die Fugazität der Produkte abnimmt und das Gleichgewicht zu diesen verschoben wird. Bei 100 °C ist ein Druck von etwa 10 bar nötig, um vollständige Produktkondensation und damit vollständigen Gleichgewichtsumsatz zu erzielen. Bei 200 °C ist bereits ein Mindestdruck von 87 bar nötig um nur teilweise Kondensation zu erreichen. Jedoch bewirkt auch diese bereits einen Rückgang zu Gleichgewichtsumsätzen von etwa 90 %. Bei 300 °C ist keine Kondensation mehr möglich, da die kritische Temperatur des Produktes ($T_{k,Butanal}$ = 264 °C) bereits überschritten ist.

Zur Ermöglichung hoher Umsätze und Vermeidung unnötig hoher Systemdrücke sollten die entsprechenden Prozesse daher bei möglichst niedriger Temperatur betrieben werden. Da durch den Katalysator jedoch vielfach eine Mindesttemperatur vorgegeben ist, kann der Mindestdruck zur Kondensation abgeschätzt werden und als Reaktionsdruck des Prozesses in erster Näherung angenommen werden.

Bei der Abschätzung des zur Kondensation notwendigen Drucks darf nicht allein die Dampfdruckkurve des Produktes verwendet werden, sondern muss den Anteil der anderen Stoffe im System berücksichtigen. Durch das Vorhandensein des CO_2 und gegebenenfalls weiterer gasförmiger Edukte ist der Partialdruck des Produktes deutlich geringer als der Systemdruck. Im Falle der Butanalsynthese ist bei 100 °C ein Systemdruck von etwa 10 bar nötig, obwohl der Dampfdruck nur etwa 2,1 bar beträgt, da der Partialdruck des Butanals durch das nicht umgesetzte CO_2 und H_2 reduziert wird. Der Unterschied zwischen Dampf- und benötigtem Systemdruck hängt dabei stark von der Gleichgewichtskonstante der betrachteten Reaktion ab.

8.4 Prozesssimulation für ein Beispielverfahren

Anhand der Synthese von Methacrylsäuremethylester (MMA) aus CO_2, Propen und Methanol werden im Folgenden exemplarisch die Ergebnisse von Prozesssimulationen dargestellt. Die Erstellung der Prozesssimulation wurde durch eine Bachelorarbeit unterstützt [126]. Demgegenüber wird als Vergleichsprozess die großtechnisch bereits realisierte Synthese von Methacrylsäure durch partielle Oxidation von tertiärem-Butanol mit anschließender Veresterung [127, 128] betrachtet. Die entsprechenden Prozesssimulationen wurden mit der Software *Aspen Plus V7.3* durchgeführt. Die Fließbilder dieser Simulationen sind in Anhang A.5 angefügt.

Bei der energetischen Bewertung der Prozesse wurde angenommen, dass der Prozess in einem Verbundsystem mit drei Heizdampfnetzen zu 4, 20 und 70 bar durchgeführt wird und Abwärme oberhalb der Siedetemperatur beim jeweiligen Druckniveau zur Herstellung von Heizdampf verwendet werden kann. Abwärme unterhalb von 144 °C kann dabei nicht mehr zur Herstellung von Heizdampf verwendet werden, sondern muss über Kühlwasser oder andere Kühltechniken abgeführt werden. Eine Zusammenfassung der ermittelten Energiebedarfe pro erzeugter Tonne MMA ist in

Tabelle 8-2 dargestellt.

Tabelle 8-2: Energiebedarf des Benchmarkprozesses und der auf CO_2-basierten Synthese

		Benchmarkprozess		CO_2-basierte Synthese	
		Bedarf	Erzeugung	Bedarf	Erzeugung
elektrische Energie in MJ/t-MMA		2341	-	15218	-
Heizdampf	4 bar in t/t-MMA	4,0	0,22	4,2	1,0
	20 bar in t/t-MMA	-	-	9,38	0,2
	70 bar in t/t-MMA	-	3,2	-	-
Kühlleistung in MJ/t-MMA		16028	-	39566	-
davon unterhalb von 20°C		*8691*	-	-	-

Aufgrund der großen Exothermie der Oxidationsvorgänge und der hohen Reaktionstemperatur im Benchmarkprozess können in diesem beträchtliche Mengen von hochwertigem Heizdampf bei 70 bar erzeugt werden. Demgegenüber zwingen die geringen Gleichgewichtsumsätze beim CO_2-basierten Alternativprozess zu erheblich größeren Rückführungen von Stoffströmen, was zu einem gesteigerten Energiebedarf für die Stofftrennung und die Kompression gasförmiger Rückführungsströme führt. Insgesamt ist der Energiebedarf eines Herstellungsprozesses von MMA, der auf stofflicher Nutzung von CO_2 beruht, daher deutlich größer als der des konventionellen Prozesses. Auch der Kühlwasserbedarf ist um ein Vielfaches erhöht.

Um die unterschiedlichen Energieformen besser vergleichen zu können und auch die unterschiedlichen Edukte und Nebenprodukte in diesem Zusammenhang bewerten zu können, bietet sich eine Exergieanalyse an. Die Produktion des hochwertigen Heizdampfes im konventionellen Prozess wird durch die starke Exothermie der partiellen Oxidation des tert.-Butanols ermöglicht. Infolge dieser Reaktion werden die Reaktanden jedoch von einem hohen energetischen Niveau auf ein deutlich niedrigeres überführt. Die Gewinnung des Heizdampfes bei 70 bar wird also durch einen Verlust an chemischer Exergie erkauft. Des Weiteren ist beim konventionellen Prozess ein beträchtlicher Exergieaufwand zur Wärmeabfuhr bei Temperaturen unterhalb der Kühlwassertemperatur nötig. Die eingesetzte Exergie setzt sich dabei aus der Exergie der benötigten elektrischen und mechanischen Arbeit, der Exergie des benötigten Heizdampfs und der chemischen und thermomechanischen Exergie der Eduktströme zusammen. Die aus dem System ausgehende Exergie setzt sich aus der Exergie des gebildeten Heizdampfes sowie der chemischen und thermomechanischen Exergie der Produktströme zusammen (elektrische oder mechanische Arbeit wird in keinem der beiden Prozesse erzeugt). In

Tabelle 8-3 sind die Exergieströme für beide Prozesse nach Arten zusammengefasst. Subtrahiert man die aus dem System ausgehende Exergie von der eingesetzten Exergie so erhält man den Verlust an Exergie.

Tabelle 8-3: Exergiebilanz des Benchmarkprozesses und der auf CO_2-basierten Synthese

		Benchmark-prozess	CO_2-basierte Synthese
eingesetzte Exergie [GJ/t-MMA]	Elektrische und mechanische Arbeit	6,7	15,2
	Heizdampf	2,4	9,4
	Exergie der Eduktströme	57,9	26,3
freiwerdende Exergie [GJ/t-MMA]	Heizdampf	2,4	0,7
	Exergie der Produktströme	48,9	30,7
	Exergieverlust [GJ/t-MMA]	15,7	19,5

Es fällt auf, dass beim Benchmarkprozess die Exergie des erzeugten Heizdampfs näherungsweise gleich der Exergie des eingesetzten Heizdampfes ist. Eine vollständige Unabhängigkeit von einem externen Heizdampfsystem kann für das Verfahren aber dennoch nicht erreicht werden. Der erzeugte Heizdampf bei 70 bar besitzt aufgrund seiner hohen Temperatur zwar eine große Exergie, die Energiemenge ist aber dennoch nicht ausreichend, da aufgrund der geringeren Kondensationsenthalpie bei hohen Temperaturen der nutzbare Energieinhalt pro kg Heizdampf geringer ist.

Der Exergieverlust des CO_2-basierten Prozesses durch die Energiebereitstellung ist dabei, wie aus der Energiebilanz zu erwarten, um einen Faktor 3,6 größer als beim Benchmarkprozess. Gleichzeitig ist die

Exergie der Edukte signifikant geringer. Infolgedessen ist der Exergieverlust pro Tonne MMA beim CO_2-basierten Prozess lediglich um etwa 24 % größer als beim Benchmarkprozess. Dennoch erweist sich die stoffliche Nutzung von CO_2 gegenüber dem konventionellen Prozess zur MMA-Synthese aus exergetischer Sicht als unterlegen.

Um den ökologischen Effekt der beiden Prozesse vergleichen zu können ist ihre CO_2-Bilanz in Tabelle 8-4 zusammengefasst. Die verwendeten Werte für die CO_2-Rucksäcke der Stoffe und Energien stammen aus [129, 130].

Tabelle 8-4: CO_2-Bilanz des Benchmarkprozesses und der auf CO_2-basierten Synthese

	Beitrag zur CO_2-Bilanz in t-$CO_{2,GWP}$/t-MMA	
	Benchmark-prozess	CO_2-basierte Synthese
Elektrische und mechanische Arbeit	1,3	2,96
Heizdampf	-0,08	2,15
tert.-Butanol	0,79	-
Natriumhydroxid	0,01	-
Methanol	0,95	0,32
Propen	-	0,65
CO_2 - Edukt	-	-0,53
CO_2 – Emissionen mit Produktströmen	$4 \cdot 10^{-3}$	0,09
Summe	**2,97**	**5,64**

Aufgrund des großen CO_2-Rucksacks von Heizdampf bei 70 bar der dem Benchmarkprozess gutgeschrieben werden kann, ist der gesamte Beitrag des Heizdampfs zur CO_2-Bilanz hier sogar leicht negativ. Eine solche Gutschrift ist nur zulässig, wenn der Prozess in einem Verbundsystem stattfindet in welchem dieser Heizdampf verwertet werden kann. Auffällig ist der deutlich höhere Beitrag des Methanols im Benchmarkprozess. Dies ist in erster Linie darauf zurückzuführen, dass im Benchmarkprozess ein beträchtlicher Teil des Methanols nicht rückgeführt wird, sondern das System über Purgeströme verlässt. Bezüglich des Beitrags der Edukte zur CO_2-Bilanz ist die Synthese unter stofflicher Nutzung von CO_2 dem konventionellen Prozess daher überlegen. Infolge des deutlich größeren Energieaufwands besitzt dieser aber dennoch die bessere CO_2-Bilanz.

Angesichts der Überlegenheit des konventionellen Prozesses über den Alternativprozess unter allen drei untersuchten Aspekten muss daher konstatiert werden, dass eine Synthese von Methacrylsäuremethylester unter stofflicher Nutzung von CO_2 nicht sinnvoll ist.

9 Abschließende Diskussion

Die Bewertung von Verfahren zur stofflichen Nutzung von CO_2 hat unter drei Gesichtspunkten zu erfolgen: Chemie, Ökonomie und Thermodynamik. Die Disziplinen überschneiden sich teilweise und können in vielen Bereichen nicht isoliert betrachtet werden. Dennoch ist eine Zuordnung der meisten zu klärenden Fragestellungen zu je einer Disziplin möglich. Die Chemie hat die Frage zu beantworten, ob eine Durchführung der Reaktion mechanistisch-chemisch prinzipiell möglich ist und welcher Art die entsprechenden Katalysatoren sein müssen. Bezüglich der Ökonomie sind in erster Linie die Kosten für die eingesetzten Ausgangsstoffe und die zu erwartenden Erlöse für das Produkt relevant. Daneben sind auch die Kosten für die zu tätigen Investitionen und den Energiebedarf des Prozesses wichtig, jedoch sind die Eduktkosten vielfach dominant. Die Thermodynamik nimmt dabei eine Klammerposition ein, da sie in einem ersten Schritt die Gleichgewichtslage und damit die prinzipielle Realisierbarkeit zu klären und in einem späteren Stadium der Verfahrensentwicklung eine energetische Bewertung des Gesamtprozesses vorzunehmen hat. Um eine schnelle thermodynamische Abschätzung sowohl der erreichbaren Ausbeuten als auch des zu erwartenden Energiebedarfs und damit der CO_2- und Umweltbilanz zu ermöglichen, wurden eine Reihe von Bewertungsregeln aufgestellt.

Aufgrund des niedrigen Energieniveaus des CO_2 ist bezüglich der Gleichgewichtslage eine Betrachtung der thermodynamischen Triebkraft der Reaktion die entscheidende Größe für Abschätzkriterien. Wie in Kapitel 8.1 gezeigt kann die Bildung von Wasser diesen Umstand teilweise kompensieren. Hierdurch wird aber nur dann ein nennenswerter Effekt erreicht, wenn die gebildete Wassermenge die eingesetzte CO_2-Menge mindestens um einen Faktor 2 übersteigt (Bedingung 8-2). Durch Kopplung mit einer Hydrierung, was bei vielen CO_2-Nutzungsreaktionen der Fall ist, wird die thermodynamische Triebkraft ebenfalls erhöht. Ansonsten nicht durchführbare Reaktionen, wie die Carboxylierung, können so thermodynamisch realisierbar werden, wie am Beispiel der Bildung von Adipinsäure gezeigt.

Diese Kriterien werden durch die Untersuchungen an den in Kapitel 5 beschriebenen CO_2-Nutzungsreaktionen bestätigt. Ist Bedingung 8-2 erfüllt oder ist die Reaktion mit einer Hydrierung gemäß Gleichung 8-4 gekoppelt, so kann davon ausgegangen werden, dass die Reaktion infolge der Gleichgewichtslage nicht nennenswert limitiert ist. Die Erfüllung eines der beiden Kriterien reicht in der Regel aus, um von einer ausreichenden thermodynamischen Triebkraft ausgehen zu können. Ist keines der beiden Kriterien erfüllt ist eine CO_2-Nutzungsreaktion in der Regel nur dann thermodynamisch realisierbar, wenn der eingesetzte Reaktionspartner ein sehr hohes Energieniveau besitzt, wie im Falle von Epoxiden oder ungesättigten Verbindungen. Dennoch kann es auch in diesem Fall vorkommen, dass die thermodynamische Triebkraft nicht für einen nennenswerten Ablauf der Reaktion ausreicht, wie am Beispiel der Acryl- und Methacrylsäure ersichtlich wird. Entscheidend ist dabei nicht nur der Einsatz eines energetisch hochwertigen Eduktes, sondern die Umwandlung der energetisch hochwertigen Funktionalität in eine energetisch niedrigerwertige Funktionalität. Beispiele hierfür können die Umwandlung ungesättigter Funktionalitäten in gesättigte (vergleiche Kapitel 5.7) oder einer Epoxygruppe in ein organisches Carbonat (vergleiche Kapitel 5.3.1) sein.

Die Effektivität eines potentiellen, neuen Verfahrens zur Reduzierung von CO_2-Emissionen darf nicht an der gespeicherten CO_2-Menge bemessen werden. Zum einen liegt die Fixierungsdauer der meisten Produkte nur im Bereich weniger Jahre oder Jahrzehnte, wodurch keine langfristige Fixierung des eingesetzten CO_2 erfolgt. Zum anderen überstiegen die mit dem Prozess und der Bereitstellung der Co-Edukte verbundenen Emissionen in jedem untersuchten Fall die gebundene CO_2-Menge. Bei keiner der in der Literatur vorgeschlagenen Reaktionen liegen Hinweise darauf vor, dass sich dieses Verhältnis signifikant umkehren lässt. Es muss daher davon ausgegangen werden, dass eine Fixierung von CO_2 durch stoffliche Nutzung nicht möglich ist.

Trotzdem ist es prinzipiell möglich durch stoffliche Nutzung von CO_2 einen Beitrag zur Reduzierung entsprechender Emissionen zu leisten. Dies kann durch Substitution bestehender Prozesse geschehen. Lässt sich ein neuer Prozess finden, dessen Netto-CO_2-Emissionen unter denen des konventionellen Verfahrens zur Herstellung des gleichen Produktes liegen, so kann ein Beitrag zur Reduzierung von Emissionen geleistet werden („Verfahrenssubstitution"). Um einen belastbaren Vergleich zwischen den beiden Verfahren ziehen zu können, ist es wichtig, dass die Bereitstellung der Co-Edukte Teil des Bilanzraumes beider Untersuchungen ist (Cradle-to-gate-Analyse).

In einzelnen Fällen kann, bei einer anderen Wahl des Bilanzraumes (Cradle-to-grave-Analyse), durch „Stoffsubstitution" eine noch stärkere Reduzierung von Emissionen erfolgen. Wird durch die CO_2-Nutzungsreaktion ein neues Produkt erzeugt, das eine bestimmte Aufgabe besser erfüllt als der herkömmliche Stoff, so kann die Emissionseinsparung in der Benutzungsphase in die Gesamt-CO_2-Bilanz einbezogen werden. Bei solchen Ansätzen besteht jedoch stets die Gefahr, dass sie zu nur scheinbaren Verbesserungen der CO_2-Bilanz missbraucht werden, da die Ziehung des Bilanzraumes hier eine kritische und nur ungenügend standardisierte Größe darstellt.

Die durch die Massenquotienten pQM und eQM ausgedrückte Fixierung von CO_2 kann, trotz der Unfähigkeit der stofflichen Nutzung zur langfristigen Fixierung, einen ersten Hinweis auf die Eignung eines neuen

Verfahrens zur Emissionsreduzierung liefern. Nur wenn die Massenquotienten beide klein sind, hat die Fixierung von CO_2 überhaupt einen nennenswerten Einfluss auf die Gesamt-CO_2-Bilanz. Nehmen sie große Werte an, so ist fraglich, ob der geringfügige Vorteil durch die Fixierung die Nachteile einer, in der Regel energetisch und katalytisch anspruchsvollen, stofflichen Nutzung rechtfertigt. Die Aussagekraft dieser Kenngrößen ist dennoch eher gering und im Falle der Stoffsubstitution generell fraglich.

Deutlich aussagekräftiger für das zu erwartende Potential neuer Verfahren sind Kriterien, die den Aufwand zur Bereitstellung und damit den CO_2-Rucksack der Co-Edukte adressieren. Da die Gesamt-CO_2-Bilanz der meisten Verfahren durch die Bereitstellung der Co-Edukte dominiert wird, sind diese Kriterien die belastbarsten Regeln zur Vorabeinschätzung von zu erwartenden Verbesserungen der CO_2-Bilanz. Stehen sonst keine weiteren Daten zur Verfügung kann das Kriterium der Wasserstoffäquivalente WAE einen ersten Hinweis zum Verfahrensvergleich liefern. Angesichts erheblicher Schwächen, insbesondere bei der Beschreibung ungesättigter Verbindungen, sollte dieser Ansatz jedoch nur zur ersten Voreinschätzung herangezogen werden. Verlässlichere Aussagen bietet der Vergleich der chemischen Exergien der Ausgangsstoffe, da dieser auch den Aufwand zur Bereitstellung ungesättigter Verbindungen deutlich besser erfasst. Liegen konkrete Daten zu den CO_2-Rucksäcken der Ausgangsstoffe vor, sollte auf diese zurückgegriffen werden. Aus einem Vergleich konkreter Werte für die CO_2-Rucksäcke lässt sich in der Regel bereits eine weitgehend verlässliche Aussage über das Potential zur Emissionsreduzierung treffen.

Bei einer cradle-to-gate- oder cradle-to-grave-Betrachtung ist der Wärmebedarf zur Reaktionsdurchführung und Stofftrennung in der Regel nicht entscheidend für die CO_2-Bilanz. Dennoch können die in Kapitel 8.2.3 beschriebenen Kriterien ebenfalls zum Prozessvergleich herangezogen werden. Die simultane Betrachtung von Reaktionsenthalpie und -temperatur erlaubt dabei eine qualifiziertere Einschätzung des Wärmebedarfs der Reaktion als eine bloße Betrachtung der Reaktionsenthalpie. Die Gegenüberstellung von thermodynamischer Triebkraft und Siedepunktsdifferenz oder Trennfaktor kann einen ersten Eindruck von der Schwierigkeit der Trennung vermitteln. Eine detailliertere Prozessimulation ist dennoch unerlässlich, um den Trennaufwand und den damit verbundenen Energiebedarf beurteilen zu können.

10 Zusammenfassung und Ausblick

Anders als CO_2-Speicherung ist CO_2-Nutzung nicht in der Lage zu einer nachhaltigen Fixierung dieses Klimagases beizutragen. Sowohl die mit den chemischen Prozessen verbundenen Emissionen als auch die begrenzte Lebensdauer der Produkte machen die stoffliche Nutzung unter diesem Aspekt unbrauchbar. Dennoch besteht prinzipiell die Möglichkeit durch stoffliche Nutzung von CO_2 zur Reduzierung von Nettoemissionen beizutragen. Durch geeignete Verfahrens- oder Stoffsubstitution mit CO_2-Nutzungsreaktionen können die Gesamt-CO_2-Emissionen gegenüber dem konventionellen Verfahren gesenkt werden.

Bei der stofflichen Nutzung von CO_2 stellt das niedrige Energieniveau des CO_2 die Hauptthemmschwelle dar. Ein Großteil der potentiellen Reaktionen scheidet daher aufgrund erheblicher thermodynamischer Limitierung von vornherein aus. Das betrifft auch verschiedene Reaktionen deren Katalyse ausführlich in der Literatur behandelt wird, wobei die Thermodynamik jedoch nicht berücksichtigt wurde. Dazu zählen die Carboxylierung zur Herstellung von Carbonsäuren oder die Herstellung von Kohlensäurediestern wie Dimethylcarbonat aus CO_2 und dem entsprechenden Alkohol.

Bei denjenigen CO_2-Nutzungsreaktionen, die nicht starker Limitierung durch das Reaktionsgleichgewicht unterworfen sind, wird CO_2 stets mit Wasserstoff oder anderen energiereichen Stoffen umgesetzt. Die Herstellung von Wasserstoff ist wiederum sehr energieintensiv, weshalb der Bereitstellung von einem mol Wasserstoff, je nach Verfahren und Berechnungsansatz, bereits Emissionen von etwa 0,2 bis 3 mol CO_2 zugerechnet werden müssen [131]. Durch die hohen CO_2-Rucksäcke der Co-Edukte wird nicht nur die Fixierung von CO_2 ad absurdum geführt, sondern die CO_2-Bilanz verschlechtert sich auch beträchtlich gegenüber den konventionellen Verfahren. Als Konsequenz daraus führen viele

CO_2-Nutzungsreaktionen nicht zu einer Reduzierung der Gesamtemissionen, obwohl in ihnen CO_2 verbraucht wird.
Um das Potential einer neuen CO_2-Nutzungsreaktion zu bewerten darf der Fokus der Betrachtung daher nicht auf dem Verbrauch von CO_2 ruhen. Dieser darf lediglich als ergänzender Beitrag zur Verbesserung der CO_2-Bilanz angesehen werden. Die Lebensdauer des entstehenden Produktes ist kein valides Kriterium zu Bewertung von CO_2-Nutzungsreaktionen, da dieses bei Verfahrenssubstitution einen, in der Realität nicht gegebenen Netto-CO_2-Verbrauch voraussetzen würde. Lediglich bei der Stoffsubstitution kann durch eine höhere Lebensdauer des neuen Produktes die Fixierung ein Kriterium sein, das in die Bewertung mit einfließt. Im Fall zu geringer Lebensdauer kann das Produkt der stofflichen CO_2-Nutzung dabei schlechter abschneiden als sich aus der errechneten CO_2-Bilanz des Prozesses ergibt, da die Gutschrift durch den CO_2-Verbrauch damit hinfällig wäre.
Eine Einschätzung des Potentials zur Reduzierung von Emissionen muss sich daher nicht auf das Produkt, sondern auf die Edukte und das Verfahren konzentrieren. Die abschließende Entscheidung ob ein neuer Ansatz sinnvoll ist kann sich nur aus einem Vergleich mit bereits bestehenden Prozessen, insbesondere den zum jeweiligen Zeitpunkt industriell betriebenen Verfahren, ergeben. Bei der Wahl der Grenzen des Bilanzraumes ist dabei darauf zu achten, dass entweder die Bereitstellung der Ausgangsstoffe Teil des Bilanzraumes ist oder den Ausgangsstoffen beim Eintritt in den Bilanzraum Beiträge zur betrachteten Größe (CO_2-Rucksack, Bedarf an Primärenergieträgern, usw.) zugewiesen werden.
Eine wesentliche zukünftige Herausforderung bei der Bewertung von Verfahren zur stofflichen Nutzung von CO_2 ist die mangelnde Standardisierung von Kriterien zur Beurteilung von Stoffsubstitution.

Während bei der Verfahrenssubstitution ein eindeutiger Vergleich in einer cradle-to-gate-Analyse beziehungsweise bei Kenntnis der CO_2-Rucksäcke der Co-Edukte in einer gate-to-gate-Analyse möglich ist, wird der Vergleich bei der Stoffsubstitution durch die unterschiedliche Eignung des herkömmlichen und des neuen Produktes für den angestrebten Zweck erheblich erschwert. In Einzelfällen, wie beispielsweise bei Dämmstoffen, lässt sich eine unterschiedliche Eignung für den Verwendungszweck in einen Beitrag zur CO_2-Bilanz umrechnen. In vielen Fällen ist die Verwendung hingegen nicht unmittelbar mit einer Änderung von CO_2-Emissionen verbunden. Dennoch wird die bessere Eignung des neuen Stoffes vielfach als Argument für die Stoffsubstitution vorgebracht. Klare Kriterien nach denen dieser Umstand so in einer CO_2-Bilanz berücksichtigt werden kann, dass ein konsistenter Vergleich möglich ist, sind zum gegenwärtigen Zeitpunkt nicht ausreichend definiert. Daher sollten hierfür in Zukunft standardisierte Kriterien entwickelt werden. Die entsprechenden Normen (ISO 14040 und 14044) sollten basierend darauf erweitert werden.

Literaturverzeichnis

[1] J. Hansen; R. Ruedy; M. Sato; K. Lo; Global Surface Temperature Change. *Rev. Geophys.* 48 (**2010**), RG4004

[2] S. N. Riduan; Y. Zhang; Recent developments in carbon dioxide utilization under mild conditions. *Dalton Transactions* 39 (**2010**), 3347-3357

[3] J. Langer; R. Fischer; H. Görls; D. Walther; Low-Valent Nickel and Palladium Complexes with 1,1'-Bis(phosphanyl)ferrocenes: Syntheses and Structures of Acrylic Acid and Ethylene Complexes. *European Journal of Inorganic Chemistry* 16 (**2007**), 2233-2233

[4] K. Tomishige; Y. Ikeda; T. Sakaihori; K. Fujimoto; Catalytic properties and structure of zirconia catalysts for direct synthesis of dimethyl carbonate from methanol and carbon dioxide. *Journal of Catalysis* 192 (**2000**), 355-362

[5] Z. Li; Z. Qin; Synthesis of diphenyl carbonate from phenol and carbon dioxide in carbon tetrachloride with zinc halides as catalyst. *Journal of Molecular Catalysis A: Chemical* 264 (**2007**), 255-259

[6] M. Mikkelsen; M. Jorgensen; F. C. Krebs; The teraton challenge. A review of fixation and transformation of carbon dioxide. *Energy & Environmental Science* 3 (**2010**), 43-81

[7] K. S. Lackner; A Guide to CO_2 Sequestration. *Science* 300 (**2003**), 1677-1678

[8] H. J. Herzog; Peer Reviewed: What Future for Carbon Capture and Sequestration? *Environmental Science & Technology* 35 (**2001**), 148A-153A

[9] S. Holloway; Storeage of fossil fuel-derived Carbon Dioxide Beneath the Surface of the Earth. *Annual Review of Energy and the Environment* 26 (**2001**), 145-166

[10] S. Bachu; CO_2 storage in geological media: Role, means, status and barriers to deployment. *Progress in Energy and Combustion Science* 34 (**2008**), 254-273

[11] C. Bertram; Ocean iron fertilization in the context of the Kyoto protocol and the post-Kyoto process. *Energy Policy* 38 (**2010**), 1130-1139

[12] V. Gowariker; V. N. Krishnamurthy; S. Gowariker; M. Dhanorkar; K. Paranjape; N. Borlaug; The Fertilizer Encyclopedia. John Wiley & Sons, (**2009**)

[13] M. Aresta; I. Tommasi; Carbon dioxide utilisation in the chemical industry. *Energy Conversion and Management* 38 (**1997**), S373-S378

[14] H. Kolbe; E. Lautemann; Ueber die Constitution und Basicität der Salicylsäure. *Justus Liebigs Annalen der Chemie* 115 (**1860**), 157-206

[15] R. Schmitt; Manufacture of salicylic acid. Patent (**1886**), United States Patent, 334290

[16] W. Leitner; Supercritical Carbon Dioxide as a Green Reaction Medium for Catalysis. *Accounts of Chemical Research* 35 (**2002**), 746-756

[17] O. Vitzthum; P. Hubert; W. Sirtl; Production of hop extracts. Patent (**1978**), United States Patent, 4104409

[18] D. Damiani; J. T. Litynski; H. G. McIlvried; D. M. Vikara; R. D. Srivastava; The US department of Energy's R&D program to reduce greenhouse gas emissions through beneficial uses of carbon dioxide. *Greenhouse Gases: Science and Technology* 2 (**2012**), 9-16

[19] D. W. Brown; A hot dry rock geothermal energy concept utilizing supercritical CO_2 instead of water. *Proceedings of the Twenty-Fifth Workshop on Geothermal Reservoir Engineering* (**2000**) in Stanford

[20] Carbon Footprint - what it is and how to measure it. European Platform on Life Cycle Assessment (**2007**)

[21] D. A. Lashof; D. R. Ahuja; Relative contributions of greenhouse gas emissions to global warming. *Nature* 344 (**1990**), 529-531

[22] K. Shine; J. Fuglestvedt; K. Hailemariam; N. Stuber; Alternatives to the Global Warming Potential for Comparing Climate Impacts of Emissions of Greenhouse Gases. *Climatic Change* 68 (**2005**), 281-302

[23] J. T. Kiehl; K. E. Trenberth; Earth's annual global mean energy budget. *Bulletin of the American Meteorological Society* 78 (**1997**), 197-208

[24] T. Sakakura; J.-C. Choi; H. Yasuda; Transformation of Carbon Dioxide. *Chemical Reviews* 107 (**2007**), 2365-2387

[25] H. Audus; H. Oonk; An assessment procedure for chemical utilisation schemes intended to reduce CO_2 emissions to atmosphere. *Energy Conversion and Management* 38 (**1997**), S409-S414

[26] R. A. Sheldon; E factors, green chemistry and catalysis: an odyssey. *Chemical Communications* (**2008**), 3352-3365

[27] A. J. G. G. Graveland; E. Gisolf; Exergy analysis: An efficient tool for process optimization and understanding. Demonstrated on the vinyl-chloride plant of Akzo Nobel. *Computers & Chemical Engineering* 22, Supplement 1 (**1998**), S545-S552

[28] K. F. Knoche; G. Dibelius; W. Fratzscher; K. Michalek; H.-J. Kretzschmar; M. Brochhaus; VDI-Gesellschaft Energietechnik: Energietechnische Arbeitsmappe, Kapitel 2. Springer, (**2000**)

[29] H. Rau; J. Rau; Chemische Gleichgewichtsthermodynamik. Vieweg & Sohn Verlagsgesellschaft mbH, Braunschweig/Wiesbaden (**1995**)

[30] P. Stephan; K. Schaber; K. Stephan; F. Mayinger; Thermodynamik - Band 2: Mehrstoffsysteme und chemische Reaktionen. Springer, Berlin Heidelberg New York (**2010**)

[31] J. M. Prausnitz; F. H. Shair; A thermodynamic correlation of gas solubilities. *AIChE Journal* 7 (**1961**), 682-687

[32] K. V. Narayanan; A Textbook of Chemical Engineering Thermodynamics. Prentice-Hall of India, Neu Delhi (**2004**)

[33] J. M. Prausnitz; R. N. Lichtenthaler; E. G. Azevedo; Molecular thermodynamics of fluid-phase equilibria. Prentice-Hall PTR, Upper Saddle River (**1999**)

[34] J. G. Hayden; J. P. O'Connell; A Generalized Method for Predicting Second Virial Coefficients. *Industrial & Engineering Chemistry Process Design and Development* 14 (**1975**), 209-216

[35] O. Redlich; J. N. S. Kwong; On the Thermodynamics of Solutions. V. An Equation of State. Fugacities of Gaseous Solutions. *Chemical Reviews* 44 (**1949**), 233-244

[36] D. Lüdecke; C. Lüdecke; Thermodynamik: Physikalisch-Chemische Grundlagen der Thermischen Verfahrenstechnik. Springer, (**2000**)

[37] G. Soave; Equilibrium constants from a modified Redlich-Kwong equation of state. *Chemical Engineering Science* 27 (**1972**), 1197-1203

[38] D.-Y. Peng; D. B. Robinson; A New Two-Constant Equation of State. *Industrial & Engineering Chemistry Fundamentals* 15 (**1976**), 59-64

[39] H. Renon; J. M. Prausnitz; Local compositions in thermodynamic excess functions for liquid mixtures. *AIChE Journal* 14 (**1968**), 135-144

[40] A. Klamt; Conductor-like Screening Model for Real Solvents: A New Approach to the Quantitative Calculation of Solvation Phenomena. *The Journal of Physical Chemistry* 99 (**1995**), 2224-2235

[41] A. Fredenslund; R. L. Jones; J. M. Prausnitz; Group-contribution estimation of activity coefficients in nonideal liquid mixtures. *AIChE Journal* 21 (**1975**), 1086-1099

[42] D. S. Abrams; J. M. Prausnitz; Statistical thermodynamics of liquid mixtures: A new expression for the excess Gibbs energy of partly or completely miscible systems. *AIChE Journal* 21 (**1975**), 116-128

[43] J. Gmehling; B. Kolbe; M. Kleiber; J. Rarey; Chemical Thermodynamics. Wiley, (**2012**)

[44] K. G. Joback; R. C. Reid; Estimation of Pure-Component Properties from Group-Contributions. *Chemical Engineering Communications* 57 (**1987**), 233-243

[45] M. L. Mavrovouniotis; Group contributions for estimating standard gibbs energies of formation of biochemical compounds in aqueous solution. *Biotechnology and Bioengineering* 36 (**1990**), 1070-1082

[46] S. W. Benson; J. H. Buss; Additivity Rules for the Estimation of Molecular Properties. Thermodynamic Properties. *The Journal of Chemical Physics* 29 (**1958**), 546-572

[47] N. Cohen; S. W. Benson; Estimation of heats of formation of organic compounds by additivity methods. *Chemical Reviews* 93 (**1993**), 2419-2438

[48] E. Domalski; E. Hearing; Estimation of the Thermodynamic Properties of C-H-N-O-S-Halogen Compounds at 298.15 K. *Journal of Physical and Chemical Reference Data* 22 (**1993**), 805-1159

[49] L. Constantinou; R. Gani; New group contribution method for estimating properties of pure compounds. *AIChE Journal* 40 (**1994**), 1697-1710

[50] J. Marrero; R. Gani; Group-contribution based estimation of pure component properties. *Fluid Phase Equilibria* 183-184 (**2001**), 183-208

[51] K. Capelle; A bird's-eye view of density-functional theory. *Brazilian Journal of Physics* 36 (**2006**), 1318-1343

[52] A. Schäfer; C. Huber; R. Ahlrichs; Fully optimized contracted Gaussian basis sets of triple zeta valence quality for atoms Li to Kr. 100 (**1994**), 5829-5835

[53] O. Treutler; R. Ahlrichs; Efficient molecular numerical integration schemes. 102 (**1995**), 346-354

[54] G. Tasi; F. Mizukami; I. Pálinkó; Analysis of permanent electric dipole moments of aliphatic hydrocarbon molecules. *Journal of Molecular Structure: THEOCHEM* 401 (**1997**), 21-27

[55] M. Moreno-Mañas; A. González; C. Jaime; M. E. Lloris; J. Marquet; A. Martínez; A. C. Siani; A. Vallribera; I. Hernández-Fuentes; M. F. Rey-Stolle; C. Salom; Preparation and conformational analysis of severely hindered [beta]-diketones. Dipole moment determinations and theoretical calculations. *Tetrahedron* 47 (**1991**), 6511-6520

[56] T. J. Sheldon; C. S. Adjiman; J. L. Cordiner; Pure component properties from group contribution: Hydrogen-bond basicity, hydrogen-bond acidity, Hildebrand solubility parameter,

macroscopic surface tension, dipole moment, refractive index and dielectric constant. *Fluid Phase Equilibria* 231 (**2005**), 27-37

[57] T. Fließbach; Statistische Physik: Lehrbuch zur Theoretischen Physik IV. Spektrum-Akademischer Vlg, Heidelberg (**2010**)

[58] Y. Nannoolal; J. Rarey; D. Ramjugernath; Estimation of pure component properties: Part 3. Estimation of the vapor pressure of non-electrolyte organic compounds via group contributions and group interactions. *Fluid Phase Equilibria* 269 (**2008**), 117-133

[59] R. Kremann; Mechanische eigenschaften flüssiger Stoffe: Volumen, Dichte, Kompressibilität, Oberflächenspannung, innere Reibung. Akademische Verlagsgesellschaft m. b. h., (**1928**)

[60] L. Constantinou; R. Gani; J. P. O'Connell; Estimation of the acentric factor and the liquid molar volume at 298 K using a new group contribution method. *Fluid Phase Equilibria* 103 (**1995**), 11-22

[61] K. Müller; L. Mokrushina; W. Arlt; Second-Order Group Contribution Method for the Determination of the Dipole Moment. *Journal of Chemical & Engineering Data* 57 (**2012**), 1231-1236

[62] D. M. Koenhen; C. A. Smolders; The determination of solubility parameters of solvents and polymers by means of correlations with other physical quantities. *Journal of Applied Polymer Science* 19 (**1975**), 1163-1179

[63] G. A. F. Seber; C. J. Wild; Nonlinear regression. Wiley-Interscience, (**2003**)

[64] P. Sabatier; Hydrogénations et déshydrogénations par catalyse. *Berichte der deutschen chemischen Gesellschaft* 44 (**1911**), 1984-2001

[65] P. Sabatier; How I Have Been Led to the Direct Hydrogenation Method by Metallic Catalysts. *Industrial & Engineering Chemistry* 18 (**1926**), 1005-1008

[66] F. Fischer; H. Tropsch; Process for the Production of Parafin-Hydrocarbons with More Than One Carbon Atom. Patent (**1930**), United States Patent and Trademark Office, 1746464

[67] C. Breyer; S. Rieke; M. Sterner; J. Schmid; Hybrid PV-wind-renewable methane power plants - A potential cornerstone of global energy supply. *Proceedings of the 26th European Photovoltaic Solar Energy Conference* (**2011**) in Hamburg

[68] B. Müller; K. Müller; D. Teichmann; W. Arlt; Energiespeicherung mittels Methan und energietragenden Stoffen – ein thermodynamischer Vergleich. *Chemie Ingenieur Technik* 83 (**2011**), 2002-2013

[69] Verfahren zur Herstellung von Acrylsäure oder deren Polymeren. Patent (**1929**), Deutsches Reichspatentamt, 553179

[70] R. Alvarez; E. Carmona; D. J. Cole-Hamilton; A. Galindo; E. Gutierrez-Puebla; A. Monge; M. L. Poveda; C. Ruiz; Formation of acrylic acid derivatives from the reaction of carbon dioxide with ethylene complexes of molybdenum and tungsten. *Journal of the American Chemical Society* 107 (**1985**), 5529-5531

[71] R. Fischer; J. Langer; A. Malassa; D. Walther; H. Gorls; G. Vaughan; A key step in the formation of acrylic acid from CO_2 and ethylene: the transformation of a nickelalactone into a nickel-acrylate complex. *Chemical Communications* (**2006**), 2510-2512

[72] M. Aresta; C. Pastore; P. Giannoccaro; G. Kovács; A. Dibenedetto; I. Pápai; Evidence for Spontaneous Release of Acrylates from a Transition-Metal Complex Upon Coupling Ethene or Propene with a

Carboxylic Moiety or CO_2. *Chemistry – A European Journal* 13 (**2007**), 9028-9034

[73] D. C. Graham; C. Mitchell; M. I. Bruce; G. F. Metha; J. H. Bowie; M. A. Buntine; Production of Acrylic Acid through Nickel-Mediated Coupling of Ethylene and Carbon Dioxide—A DFT Study. *Organometallics* 26 (**2007**), 6784-6792

[74] M. Buback; F.-O. Mähling; Dimerization of acrylic acid and of methacrylic acid in supercritical ethylene. *The Journal of Supercritical Fluids* 8 (**1995**), 119-126

[75] D.-W. Wang; S.-H. Zhong; Studies on $NiPMo_{12}$ Catalyst for Direct Synthesis MAA from Propylene and Carbon Dioxide. *Chemical Journal of chinese universities* 25 (**2004**), 517-521

[76] M. Kühnle; K. Müller; J. Strautmann; D. Kruse; W. Arlt; A. Brückner; U. Bentrup; In situ FTIR spectroscopic study on the carboxylation of propylene with CO_2 over POM catalysts. Vortrag auf der *2nd Indo-German Catalysis Conference* (**2011**) in Rostock

[77] V. Havran; M. P. Duduković; C. S. Lo; Conversion of Methane and Carbon Dioxide to Higher Value Products. *Industrial & Engineering Chemistry Research* 50 (**2011**), 7089-7100

[78] E. M. Wilcox; G. W. Roberts; J. J. Spivey; Direct catalytic formation of acetic acid from CO_2 and methane. *Catalysis Today* 88 (**2003**), 83-90

[79] H. Sugimoto; I. Kawata; H. Taniguchi; Y. Fujiwara; Palladium-catalyzed carboxylation of aromatic compounds with carbon dioxide. *Journal of Organometallic Chemistry* 266 (**1984**), 44-46

[80] D. J. Darensbourg; R. K. Hanckel; C. G. Bauch; M. Pala; D. Simmons; J. N. White; A kinetic investigation of carbon dioxide insertion processes involving anionic tungsten-alkyl and -aryl

derivatives: effects of carbon dioxide pressure, counterions, and ancillary ligands. Comparisons with migratory carbon monoxide insertion processes. *Journal of the American Chemical Society* 107 (**1985**), 7463-7473

[81] M. Ramin; F. Jutz; J.-D. Grunwaldt; A. Baiker; Solventless synthesis of propylene carbonate catalysed by chromium-salen complexes: Bridging homogeneous and heterogeneous catalysis. *Journal of Molecular Catalysis A: Chemical* 242 (**2005**), 32-39

[82] Y. Tsutsumi; K. Yamakawa; M. Yoshida; T. Ema; T. Sakai; Bifunctional Organocatalyst for Activation of Carbon Dioxide and Epoxide To Produce Cyclic Carbonate: Betaine as a New Catalytic Motif. *Organic Letters* 12 (**2010**), 5728-5731

[83] M. Ratzenhofer; H. Kisch; Metallkatalysierte Synthese von cyclischen Carbonaten aus Kohlendioxid und Oxiranen. *Angewandte Chemie* 92 (**1980**), 303-303

[84] E. Marquis; J. Sanderson; Process for manufacturing alkylene carbonates using metal phthalocyanine catalysts. Patent (**1994**), Europäisches Patentamt, C07C68/04

[85] K. Tomishige; H. Yasuda; Y. Yoshida; M. Nurunnabi; B. Li; K. Kunimori; Catalytic performance and properties of ceria based catalysts for cyclic carbonate synthesis from glycol and carbon dioxide. *Green Chemistry* 6 (**2004**), 206-214

[86] J. K. Choi; M. J. Joncich; Heats of combustion, heats of formation, and vapor pressures of some organic carbonates. Estimation of carbonate group contribution to heat of formation. *Journal of Chemical & Engineering Data* 16 (**1971**), 87-90

[87] S. P. Verevkin; V. N. Emel'yanenko; S. A. Kozlova; Organic Carbonates: Experiment and ab Initio Calculations for Prediction of

Thermochemical Properties. *The Journal of Physical Chemistry A* 112 (**2008**), 10667-10673

[88] K. Tomishige; H. Yasuda; Y. Yoshida; M. Nurunnabi; B. Li; K. Kunimori; Novel Route to Propylene Carbonate: Selective Synthesis from Propylene Glycol and Carbon Dioxide. *Catalysis Letters* 95 (**2004**), 45-49

[89] Y. Du; D.-L. Kong; H.-Y. Wang; F. Cai; J.-S. Tian; J.-Q. Wang; L.-N. He; Sn-catalyzed synthesis of propylene carbonate from propylene glycol and CO_2 under supercritical conditions. *Journal of Molecular Catalysis A: Chemical* 241 (**2005**), 233-237

[90] Y. Ono; Catalysis in the production and reactions of dimethyl carbonate, an environmentally benign building block. *Applied Catalysis A: General* 155 (**1997**), 133-166

[91] J. Bian; M. Xiao; S.-J. Wang; Y.-X. Lu; Y.-Z. Meng; Carbon nanotubes supported Cu-Ni bimetallic catalysts and their properties for the direct synthesis of dimethyl carbonate from methanol and carbon dioxide. *Applied Surface Science* 255 (**2009**), 7188-7196

[92] K. Tomishige; T. Sakaihori; Y. Ikeda; K. Fujimoto; A novel method of direct synthesis of dimethyl carbonate from methanol and carbon dioxide catalyzed by zirconia. *Catalysis Letters* 58 (**1999**), 225-229

[93] C. Jiang; Y. Guo; C. Wang; C. Hu; Y. Wu; E. Wang; Synthesis of dimethyl carbonate from methanol and carbon dioxide in the presence of polyoxometalates under mild conditions. *Applied Catalysis A: General* 256 (**2003**), 203-212

[94] G. Fan; S. Fujita; B. Zou; M. Nishiura; X. Meng; M. Arai; Synthesis of Diphenyl Carbonate from Phenol and Carbon Dioxide in the Presence of Carbon Tetrachloride and Zinc Chloride. *Catalysis Letters* 133 (**2009**), 280-287

[95] Z.-F. Zhang; Z.-W. Liu; J. Lu; Z.-T. Liu; Synthesis of Dimethyl Carbonate from Carbon Dioxide and Methanol over $Ce_xZr1-xO_2$ and $[EMIM]Br/Ce_{0.5}Zr_{0.5}O_2$. *Industrial & Engineering Chemistry Research* 50 (**2011**), 1981-1988

[96] V. Eta; P. Mäki-Arvela; A.-R. Leino; K. n. Kordás; T. Salmi; D. Y. Murzin; J.-P. Mikkola; Synthesis of Dimethyl Carbonate from Methanol and Carbon Dioxide: Circumventing Thermodynamic Limitations. *Industrial & Engineering Chemistry Research* 49 (**2010**), 9609-9617

[97] A. Pyrlik; W. F. Hoelderich; K. Müller; W. Arlt; J. Strautmann; D. Kruse; Dimethyl carbonate via transesterification of propylene carbonate with methanol over ion exchange resins. *Applied Catalysis B: Environmental* 125 (**2012**), 486-491

[98] L. Schmid; Catalytic Formylation of Amines with Dense Carbon Dioxide. Dissertation an der Eidgenössische Technische Hochschule Zürich (**2002**)

[99] L. Schmid; A. Canonica; A. Baiker; Ruthenium-catalysed formylation of amines with dense carbon dioxide as C1-source. *Applied Catalysis A: General* 255 (**2003**), 23-33

[100] S. Schug; Thermodynamische Betrachtung von Reaktionen zur Umsetzung von Kohlenstoffdioxid. Bachelorarbeit an der Friedrich-Alexander-Universität Erlangen-Nürnberg (**2011**)

[101] K. Tominaga; Y. Sasaki; Ruthenium complex-catalyzed hydroformylation of alkenes with carbon dioxide. *Catalysis Communications* 1 (**2000**), 1-3

[102] K. Tominaga; An environmentally friendly hydroformylation using carbon dioxide as a reactant catalyzed by immobilized Ru-complex in ionic liquids. *Catalysis Today* 115 (**2006**), 70-72

[103] P. Braunstein; D. Matt; D. Nobel; Carbon dioxide activation and catalytic lactone synthesis by telomerization of butadiene and carbon dioxide. *Journal of the American Chemical Society* 110 (**1988**), 3207-3212

[104] A. Behr; P. Bahke; M. Becker; Palladium-katalysierte Telomerisation von Kohlendioxid mit Butadien im Labor- und Miniplantmaßstab. *Chemie Ingenieur Technik* 76 (**2004**), 1828-1832

[105] A. Behr; P. Bahke; B. Klinger; M. Becker; Application of carbonate solvents in the telomerisation of butadiene with carbon dioxide. *Journal of Molecular Catalysis A: Chemical* 267 (**2007**), 149-156

[106] H. Ono; K. Fujiwara; M. Hashimoto; E. Sugiyama; K. Yoshida; Promotion effect of mixed halides on homogeneous ruthenium catalysis in direct synthesis of ethanol from hydrogen and carbon monoxide. *Journal of Molecular Catalysis* 57 (**1989**), 113-123

[107] C.-G. Wan; Process for the preparation of ethanol from methanol, carbon dioxide and hydrogen. Patent (**1985**), United States Patent, 4497967

[108] W. R. Pretzer; T. P. Kobylinski; J. E. Bozik; Selective formation of ethanol from methanol, hydrogen and carbon monoxide. Patent (**1979**), United States Patent, 4133966

[109] L. Gu; Y. Zhang; Unexpected CO_2 Splitting Reactions To Form CO with N-Heterocyclic Carbenes as Organocatalysts and Aromatic Aldehydes as Oxygen Acceptors. *Journal of the American Chemical Society* 132 (**2009**), 914-915

[110] K. Nakagawa; C. Kajita; N.-o. Ikenaga; M. Nishitani-Gamo; T. Ando; T. Suzuki; Dehydrogenation of light alkanes over oxidized diamond-supported catalysts in the presence of carbon dioxide. *Catalysis Today* 84 (**2003**), 149-157

[111] M. M. Bhasin; J. H. McCain; B. V. Vora; T. Imai; P. R. Pujadó; Dehydrogenation and oxydehydrogenation of paraffins to olefins. *Applied Catalysis A: General* 221 (**2001**), 397-419

[112] K. Nakagawa; M. Okamura; N. Ikenaga; T. Suzuki; T. Kobayashi; Dehydrogenation of ethane over gallium oxide in the presence of carbon dioxide. *Chemical Communications* (**1998**), 1025-1026

[113] A. Baumgärtner; Thermodynamische Evaluierung von Methoden zur Erhöhung der Gleichgewichtsausbeute oxidativer Dehydrierungen. Diplomarbeit an der Friedrich-Alexander-Universität Erlangen-Nürnberg (**2011**)

[114] S. Karellas; E. Kakaras; T. Papadopoulos; C. Schäfer; J. Karl; Hydrogen production from allothermal biomass gasification by means of palladium membranes. *Fuel Processing Technology* 89 (**2008**), 582-588

[115] K. Nath; D. Das; Hydrogen from biomass. *Current Science* 85 (**2003**), 265-271

[116] P. Hofmann; K. D. Panopoulos; L. E. Fryda; A. Schweiger; J. P. Ouweltjes; J. Karl; Integrating biomass gasification with solid oxide fuel cells: Effect of real product gas tars, fluctuations and particulates on Ni-GDC anode. *International Journal of Hydrogen Energy* 33 (**2008**), 2834-2844

[117] O. Lobanova; K. Müller; L. Mokrushina; W. Arlt; Estimation of Thermodynamic Properties of Polysaccharides. *Chemical Engineering & Technology* 34 (**2011**), 867-876

[118] O. Lobanova; K. Müller; L. Mokrushina; W. Arlt; Hydration of Saccharides: Estimation of Reaction Properties and Equilibrium Conversion. *Chemical Engineering & Technology* 35 (**2012**), 735-742

[119] J. Schuster; Modellierung der Bildungseigenschaften von Lignin. Bachelorarbeit an der Friedrich-Alexander-Universität Erlangen-Nürnberg (**2011**)

[120] C. Peter; Thermodynamische Modellierung der Reaktionseigenschaften von Lignin. Bachelorarbeit an der Friedrich-Alexander-Universität Erlangen-Nürnberg (**2011**)

[121] E. S. Domalski; Selected Values of Heats of Combustion and Heats of Formation of Organic Compounds Containing the Elements C, H, N, O, P, and S. *Journal of Physical and Chemical Reference Data* 1 (**1972**), 221-277

[122] E. S. Domalski; E. D. Hearing; Heat Capacities and Entropies of Organic Compounds in the Condensed Phase. Volume III. *Journal of Physical and Chemical Reference Data* 25 (**1996**), 1-525

[123] A. Sakakibara; A structural model of softwood lignin. *Wood Science and Technology* 14 (**1980**), 89-100

[124] T. E. Daubert; R. P. Danner; Physical and thermodynamic properties of pure chemcials: Data Compilation (DIPPR database). Hemisphere Publisching Corporation, New York (**1989**)

[125] W. Fratzscher; V. M. Brodjanskij; K. Michalek; Exergie: Theorie und Anwendung. Deutscher Verlag für Grundstoffindustrie, Leibzig (**1986**)

[126] F. Fabisch; Entwicklung eines Verfahrens zur Herstellung eines Carbonsäureesters aus Kohlenstoffdioxid. Bachelorarbeit an der Friedrich-Alexander-Universität Erlangen-Nürnberg (**2011**)

[127] S. Thomas; P. M. Visakh; Handbook of Engineering and Speciality Thermoplastics: Volume 3: Polyethers and Polyesters. John Wiley & Sons, Hoboken (**2011**)

[128] S. Jung; Technische Universität Dortmund, Lehrstuhl für technische Chemie B, Persönliche Kommunikation (**2011**)

[129] ProBas-Projekt des Öko-Institut e.V. Umweltbundesamt (**2008**)

[130] B. Schäffner; Evonik Industries AG, Persönliche Kommunikation (**2012**)

[131] H. J. Leimkühler; Managing CO_2 Emissions in the Chemical Industry. John Wiley & Sons, Weinheim (**2010**)

[132] C. L. Yaws; Chemical Properties Handbook. McGraw-Hill, New York (**1999**)

[133] Y. Suehiro; M. Nakajima; K. Yamada; M. Uematsu; Critical parameters of $\{xCO_2+ (1-x)CHF_3\}$ for x= (1.0000, 0.7496, 0.5013, and 0.2522). *The Journal of Chemical Thermodynamics* 28 (**1996**), 1153-1164

[134] C. L. Yaws; Yaws' Handbook of Thermodynamic and Physical Properties of Chemical Compounds. Knovel (**2003**)

[135] J. P. Guthrie; Equilibrium constants for a series of simple aldol condensations, and linear free energy relations with other carbonyl addition reactions. *Canadian Journal of Chemistry* 56 (**1978**), 962-973

[136] P. Knauth; R. Sabbah; Energetics of inter. and intramolecular bonds in alkanediols. iv. the thermochemical study of 1,2-alkanediols at 298.15 K. *Thermochimica Acta* 164 (**1990**), 145-152

[137] N. Rajapakse; H. L. Finston; V. Fried; Liquid-liquid phase equilibria in the propylene carbonate + methyl isobutyl ketone + water system. *Journal of Chemical & Engineering Data* 31 (**1986**), 408-410

[138] M. Wang; H. Wang; N. Zhao; Wei; Y. Sun; High-Yield Synthesis of Dimethyl Carbonate from Urea and Methanol Using a Catalytic

Distillation Process. *Industrial & Engineering Chemistry Research* 46 (**2007**), 2683-2687

[139] W. V. Steele; R. D. Chirico; S. E. Knipmeyer; A. Nguyen; Vapor Pressure, Heat Capacity, and Density along the Saturation Line, Measurements for Dimethyl Isophthalate, Dimethyl Carbonate, 1,3,5-Triethylbenzene, Pentafluorophenol, 4-tert-Butylcatechol, α-Methylstyrene, and N,N'-Bis(2-hydroxyethyl)ethylenediamine. *Journal of Chemical & Engineering Data* 42 (**1997**), 1008-1020

[140] M. D. Coburn; H. E. Ungnade; Synthesis and structure of the N-nitropyrrolidinones. *Journal of Heterocyclic Chemistry* 2 (**1965**), 308-309

[141] V. Oja; E. M. Suuberg; Vapor Pressures and Enthalpies of Sublimation of d-Glucose, d-Xylose, Cellobiose, and Levoglucosan. *Journal of Chemical & Engineering Data* 44 (**1998**), 26-29

Abbildungsverzeichnis

Abbildung 1-1: Abweichung der Jahresdurchschnittstemperatur vom Mittelwert der Jahre 1951-1980 [1] 16

Abbildung 3-1: Veranschaulichung des Gruppenbeitragskonzeptes anhand von 1-Propanol 54

Abbildung 4-1: Verteilung des Dipolmoments der untersuchten Stoffe 65

Abbildung 4-2: Auftragung der modellierten über die experimentellen Dipolmomente für die Datenbasis 70

Abbildung 4-3: Auftragung der modellierten über die experimentellen Dipolmomente für die Kontrollgruppe 70

Abbildung 5-1: Freie Bildungsenthalpie pro C-Atom für verschiedene Stoffe 73

Abbildung 5-2: Reaktionsenthalpien bezogen auf die Kettenlänge für die n-Alkansynthese 76

Abbildung 5-3: Gleichgewichtsausbeute an Methan als Funktion der Temperatur 76

Abbildung 5-4: Gleichgewichtsausbeute an Acrylsäuremethylester für eine stöchiometrische Mischung der Ausgangsstoffe 81

Abbildung 5-5: Gleichgewichtsausbeute an Propylencarbonat für eine stöchiometrische Mischung aus Propylenoxid und CO_2 86

Abbildung 5-6: Gleichgewichtsausbeute an N-Formylpyrrolidin für eine stöchiometrische Eduktmischung 93

Abbildung 5-7: Butanalausbeute im Gleichgewicht für eine stöchiometrische Eduktmischung 96

Abbildung 5-8: Butanolausbeute im Gleichgewichts für eine stöchiometrische Eduktmischung 97

Abbildung 5-9: Gleichgewichtsausbeute an δ-Lacton für eine stöchiometrische Ausgangsmischung und Propylencarbonat als Lösungsmittel 99

Abbildung 5-10: Gleichgewichtsausbeute an Ethan für eine stöchiometrische Eduktmischung.. 101

Abbildung 5-11: Gleichgewichtsausbeute an Propen bei der oxidativen Dehydrierung von Propan mit CO_2 bei einer stöchiometrischen Ausgangsmischung... 105

Abbildung 6-1: Gleichgewichtsausbeute an Propen wenn nur die Hauptreaktion (Gleichung 6-1) auftritt und bei gezielter Nutzung von Nebenreaktionen.. 113

Abbildung 7-1: Bildungsenthalpien einiger Saccharide als Funktion der Kettenlänge [121].. 118

Abbildung 7-2: Gleichgewichtsumsatz der Umsetzung von Glucose bzw. Lignin bei 313,15 K 124

Abbildung 8-1: Massenquotienten verschiedener potentieller Produkte .. 131

Abbildung 8-2: WAE- und WEx-Werte für ausgewählte Reaktionen 137

Abbildung 8-3: Voraussichtliche Reaktionstemperatur über Reaktionsenthalpie für verschiedene CO_2-Nutzungsreaktionen, Exergie des Wärmebedarfs der Reaktion.. 139

Abbildung 8-4: Reaktionstemperatur über Reaktionsenthalpie für die oxidative Dehydrierung von Propan zu Propen (konventionell und mit dem in Kapitel 6.2 beschriebenen neuen Ansatz) und Vergleichsreaktionen .. 140

Abbildung 8-5: Bereiche für den zu erwartenden Trennaufwand in einer Destillation 143

Abbildung 8-6: Siedetemperaturdifferenz verschiedener CO_2-Nutzungsreaktionen über der thermodynamischen Triebkraft 145

Abbildung 8-7: Gleichgewichtsausbeute an Butanal als Funktion des Druckes für eine stöchiometrische Ausgangsmischung 149

Abbildung A-1: ASPEN-Fließbild der Prozesssimulation zur Synthese von Methacrylsäuremethylester aus CO_2 224

Abbildung A-2: ASPEN-Fließbild der Prozesssimulation zur Synthese von Methacrylsäuremethylester mit dem Benchmarkprozess 224

Tabellenverzeichnis

Tabelle 2-1: *Global warming potential* ausgewählter Stoffe bezogen auf 1000 Jahre [21] 26

Tabelle 2-2: Einteilung von Reaktionen mit CO_2 als Edukt nach Sakakura *et al.* [24] 27

Tabelle 2-3: Einteilung von Reaktionen mit CO_2 als Edukt nach Einbau des CO_2 28

Tabelle 2-4: Vergleichscharakteristika für Prozesse nach Audus und Oonk [25] 31

Tabelle 4-1: Häufigkeit verschiedener Stoffklassen 64

Tabelle 4-2: Gruppenbeiträge für die Berechnung des Dipolmoments in J/mol 68

Tabelle 4-3: Fehler bei der Vorhersage des Dipolmoments in der Kontrollgruppe 69

Tabelle 5-1: Enthalpien verschiedener Carboxylierungsreaktionen 84

Tabelle 5-2: Enthalpieänderungen verschiedener Direktsynthesen von Kohlensäurediestern 90

Tabelle 5-3: Enthalpieänderungen bei der Bildung einiger Formylamine aus CO_2 92

Tabelle 5-4: Enthalpieänderungen verschiedener Reaktionen mit CO_2 als Oxidationsmittel 103

Tabelle 7-1: Bildungsenthapien von kurzkettigen Sacchariden in kJ/mol 119

Tabelle 8-1: Überblick über die vorgestellten Vorabbewertungskriterien 148

Tabelle 8-2: Energiebedarf des Benchmarkprozesses und der auf CO_2-basierten Synthese 153

Tabelle 8-3: Exergiebilanz des Benchmarkprozesses und der auf CO_2-basierten Synthese 156

Tabelle 8-4: CO_2-Bilanz des Benchmarkprozesses und der auf CO_2-basierten Synthese 157

Tabelle A-1: Stoffdaten von Kohlenstoffdioxid 189

Tabelle A-2: Stoffdaten von Methan... 190

Tabelle A-3: Stoffdaten von verschiedenen Carbonsäuren 190

Tabelle A-4: Stoffdaten von verschiedenen Carbonsäurenestern............. 193

Tabelle A-5: Stoffdaten verschiedener Olefine 194

Tabelle A-6: Stoffdaten verschiedener Alkohole...................................... 197

Tabelle A-7: Stoffdaten von Propylenoxid 201

Tabelle A-8: Stoffdaten ausgewählter organischer Carbonate 202

Tabelle A-9: Stoffdaten von Wasser... 203

Tabelle A-10: Stoffdaten von Wasserstoff.. 204

Tabelle A-11: Stoffdaten von n-Butanal... 204

Tabelle A-12: Stoffdaten der betrachteten Amine 205

Tabelle A-13: Stoffdaten des in Kapitel 5.7 beschriebenen δ-Lactons 209

Tabelle A-14: Stoffdaten von Glucose.. 210

Tabelle A-15: Daten zur Parameteranpassung für das Dipolmoment 211

Tabelle A-16: Daten zum Testen der Parameter für das Dipolmoment ... 219

Tabelle A-17: Einstellung der Hyperchem Software 223

Tabelle A-18: Einstellungen für die Turbomole Software 223

A Anhang

A.1 Reinstoffdaten wichtiger Stoffe

Bezugspunkt für die Enthalpie ist die ideale Gasphase bei 298,15 K und 1,01325 bar.

Tabelle A-1: Stoffdaten von Kohlenstoffdioxid

Kohlenstoffdioxid			
Summenformel: CO_2		CAS-Nummer: 124-38-9	
Eigenschaft	**Einheit**	**Wert**	**Quelle**
Bildungsenthalpie	kJ/mol	-393,52	[124, 132]
Freie Bildungsenthalpie	kJ/mol	-394,41	[124, 132]
Kritische Temperatur	K	304,19	[124, 133]
Kritischer Druck	bar	73,815	[124]
Azentrischer Faktor nach Pitzer	-	0,2276	[124]
Dipolmoment	Cm	0	[124]
Trägheitsradius	Å	1,04	[124]
Wärmekapazität in der idealen Gasphase bei 298,15 K	J/molK	37,24	[124]
Dampfdruck bei 298,15 K	bar	64,36	[124]

Tabelle A-2: Stoffdaten von Methan

Methan			
Summenformel: CH_4		CAS-Nummer: 74-82-8	
Eigenschaft	**Einheit**	**Wert**	**Quelle**
Bildungsenthalpie	kJ/mol	-74,85	[124]
Freie Bildungsenthalpie	kJ/mol	-50,82	[124]
Kritische Temperatur	K	190,58	[124]
Kritischer Druck	bar	46,043	[124]
Azentrischer Faktor nach Pitzer	-	0,0108	[124]
Dipolmoment	Cm	0	[124]
Trägheitsradius	Å	1,118	[124]
Wärmekapazität in der idealen Gasphase bei 298,15 K	J/molK	36,337	[134]

Tabelle A-3: Stoffdaten von verschiedenen Carbonsäuren

Acrylsäure			
Summenformel: $C_3H_4O_2$		CAS-Nummer: 79-10-7	
Eigenschaft	**Einheit**	**Wert**	**Quelle**
Bildungsenthalpie	kJ/mol	-336,23 -323,5	[124, 135] [134]
Freie Bildungsenthalpie	kJ/mol	-286,06 -271,13	[124] [134]
Kritische Temperatur	K	615	[124]
Kritischer Druck	bar	56,6	[124]
Azentrischer Faktor nach Pitzer	-	0,518	[124]
Dipolmoment	Cm	$4,87 \cdot 10^{-30}$	[124]
Trägheitsradius	Å	2,978	[124]
Wärmekapazität in der idealen Gasphase bei 298,15 K	J/molK	77,8	[124]

Tabelle A-3: Stoffdaten von verschiedenen Carbonsäuren (Fortsetzung)

Methacrylsäure			
Summenformel: $C_4H_6O_2$		CAS-Nummer: 79-41-4	
Eigenschaft	**Einheit**	**Wert**	**Quelle**
Bildungsenthalpie	kJ/mol	-367,94	[124]
		-361,8	[134]
Freie Bildungsenthalpie	kJ/mol	-287,72	[124]
		-281,82	[134]
Kritische Temperatur	K	643	[124]
Kritischer Druck	bar	47	[124]
Azentrischer Faktor nach Pitzer	-	0,4678	[124]
Dipolmoment	Cm	$5,5038 \cdot 10^{-30}$	[124]
Trägheitsradius	Å	3,412	[124]
Wärmekapazität in der idealen Gasphase bei 298,15 K	J/molK	94,75	[124]
Äpfelsäure			
Summenformel: $C_4H_6O_5$		CAS-Nummer: 6915-15-7	
Eigenschaft	**Einheit**	**Wert**	**Quelle**
Bildungsenthalpie	kJ/mol	-990	[134]
Freie Bildungsenthalpie	kJ/mol	-848	[134]
Benzoesäure			
Summenformel: $C_7H_6O_2$		CAS-Nummer: 65-85-0	
Eigenschaft	**Einheit**	**Wert**	**Quelle**
Bildungsenthalpie	kJ/mol	-290,1	[134]
Freie Bildungsenthalpie	kJ/mol	-210,3	[134]
Crotonsäure			
Summenformel: $C_4H_6O_2$		CAS-Nummer: 107-93-7	
Eigenschaft	**Einheit**	**Wert**	**Quelle**
Bildungsenthalpie	kJ/mol	-378	[134]
Freie Bildungsenthalpie	kJ/mol	-294	[134]

Tabelle A-3: Stoffdaten von verschiedenen Carbonsäuren (Fortsetzung)

Essigsäure

Summenformel: $C_2H_4O_2$		CAS-Nummer: 64-19-7	
Eigenschaft	**Einheit**	**Wert**	**Quelle**
Bildungsenthalpie	kJ/mol	-432,3	[134]
Freie Bildungsenthalpie	kJ/mol	-374,6	[134]

Maleinsäure

Summenformel: $C_4H_4O_4$		CAS-Nummer: 110-16-7	
Eigenschaft	**Einheit**	**Wert**	**Quelle**
Bildungsenthalpie	kJ/mol	-675,8	[134]
Freie Bildungsenthalpie	kJ/mol	-586,09	[134]

Milchsäure

Summenformel: $C_3H_6O_3$		CAS-Nummer: 50-21-5	
Eigenschaft	**Einheit**	**Wert**	**Quelle**
Bildungsenthalpie	kJ/mol	-621	[134]
Freie Bildungsenthalpie	kJ/mol	-516	[134]

Propionsäure

Summenformel: $C_3H_6O_2$		CAS-Nummer: 79-09-4	
Eigenschaft	**Einheit**	**Wert**	**Quelle**
Bildungsenthalpie	kJ/mol	-452,8	[134]
Freie Bildungsenthalpie	kJ/mol	-366,7	[134]

Salicylsäure

Summenformel: $C_7H_6O_3$		CAS-Nummer: 69-72-7	
Eigenschaft	**Einheit**	**Wert**	**Quelle**
Bildungsenthalpie	kJ/mol	-494,8	[124]
Freie Bildungsenthalpie	kJ/mol	-365,21	[134]

Tabelle A-3: Stoffdaten von verschiedenen Carbonsäuren (Fortsetzung)

Zitronensäure

Summenformel: $C_6H_8O_7$		CAS-Nummer: 77-92-9	
Eigenschaft	**Einheit**	**Wert**	**Quelle**
Bildungsenthalpie	kJ/mol	-1390	[134]
Freie Bildungsenthalpie	kJ/mol	-1176	[134]

Tabelle A-4: Stoffdaten von verschiedenen Carbonsäurenestern

Acrylsäuremethylester			
Summenformel: $C_4H_6O_2$		CAS-Nummer: 96-33-3	
Eigenschaft	**Einheit**	**Wert**	**Quelle**
Bildungsenthalpie	kJ/mol	-333	[124]
Freie Bildungsenthalpie	kJ/mol	-257	[124]
Kritische Temperatur	K	536	[124]
Kritischer Druck	bar	42,5	[124]
Azentrischer Faktor nach Pitzer	-	0,342296	[124]
Dipolmoment	Cm	$5,9 \cdot 10^{-30}$	[124]
Trägheitsradius	Å	3,28	[124]
Wärmekapazität in der idealen Gasphase bei 298,15 K	J/molK	99,43	[134]
Dampfdruck bei 298,15 K	bar	0,1154	[134]

Tabelle A-4: Stoffdaten von verschiedenen Carbonsäurenestern (Fortsetzung)

Methacrylsäuremetylester			
Summenformel: $C_5H_8O_2$		CAS-Nummer: 80-62-6	
Eigenschaft	Einheit	Wert	Quelle
Bildungsenthalpie	kJ/mol	-360	[124]
Freie Bildungsenthalpie	kJ/mol	-254	[124]
Kritische Temperatur	K	566,0	[124]
Kritischer Druck	bar	36,8	[124]
Azentrischer Faktor nach Pitzer	-	0,28023	[124]
Dipolmoment	Cm	$5,57 \cdot 10^{-30}$	[124]
Trägheitsradius	Å	3,62	[124]
Wärmekapazität in der idealen Gasphase bei 298,15 K	J/molK	115,8	[134]
Dampfdruck bei 298,15 K	bar	0,0518	[134]

Tabelle A-5: Stoffdaten verschiedener Olefine

Ethen			
Summenformel: C_2H_4		CAS-Nummer: 74-85-1	
Eigenschaft	Einheit	Wert	Quelle
Bildungsenthalpie	kJ/mol	52,283	[124]
Freie Bildungsenthalpie	kJ/mol	68,124	[124]
Kritische Temperatur	K	282,36	[124]
Kritischer Druck	bar	50,318	[124]
Azentrischer Faktor nach Pitzer	-	0,0852	[124]
Dipolmoment	Cm	0	[124]
Trägheitsradius	Å	1,548	[124]
Wärmekapazität in der idealen Gasphase bei 298,15 K	J/molK	42,95	[124]

Tabelle A-5: Stoffdaten verschiedener Olefine (Fortsetzung)

Propen			
Summenformel: C_3H_6		CAS-Nummer: 115-07-1	
Eigenschaft	**Einheit**	**Wert**	**Quelle**
Bildungsenthalpie	kJ/mol	20,41	[124]
Freie Bildungsenthalpie	kJ/mol	62,14	[124]
Kritische Temperatur	K	364,76	[124]
Kritischer Druck	bar	46,126	[124]
Azentrischer Faktor nach Pitzer	-	0,1424	[124]
Dipolmoment	Cm	$1,2208 \cdot 10^{-30}$	[124]
Trägheitsradius	Å	2,254	[124]
Wärmekapazität in der idealen Gasphase bei 298,15 K	J/molK	64,98	[124]
1-Buten			
Summenformel: C_4H_8		CAS-Nummer: 106-98-9	
Eigenschaft	**Einheit**	**Wert**	**Quelle**
Bildungsenthalpie	kJ/mol	-0,54	[124]
Freie Bildungsenthalpie	kJ/mol	70,24	[124]
Kritische Temperatur	K	419,59	[124]
Kritischer Druck	bar	40,196	[124]
Azentrischer Faktor nach Pitzer	-	0,1867	[124]
Dipolmoment	Cm	$1,1341 \cdot 10^{-30}$	[124]
Trägheitsradius	Å	2,762	[124]
Wärmekapazität in der idealen Gasphase bei 298,15 K	J/molK	88,41	[134]
Dampfdruck bei 298,15 K	bar	3,006	[134]

Tabelle A-5: Stoffdaten verschiedener Olefine (Fortsetzung)

1,3-Butadien			
Summenformel: C_4H_6		CAS-Nummer: 106-99-0	
Eigenschaft	**Einheit**	**Wert**	**Quelle**
Bildungsenthalpie	kJ/mol	109,24	[124]
Freie Bildungsenthalpie	kJ/mol	149,72 150,6	[124] [134]
Kritische Temperatur	K	425,17	[124]
Kritischer Druck	bar	42,77	[124]
Azentrischer Faktor nach Pitzer	-	0,189	[124]
Dipolmoment	Cm	0	[124]
Trägheitsradius	Å	2,602	[124]
Wärmekapazität in der idealen Gasphase bei 298,15 K	J/molK	81,37	[134]
Dampfdruck bei 298,15 K	bar	2,81	[124]

Tabelle A-6: Stoffdaten verschiedener Alkohole

Methanol			
Summenformel: CH_3OH		CAS-Nummer: 67-56-1	
Eigenschaft	**Einheit**	**Wert**	**Quelle**
Bildungsenthalpie	kJ/mol	200,67	[124, 134]
Freie Bildungsenthalpie	kJ/mol	-162,42	[124]
Kritische Temperatur	K	512,58	[124]
Kritischer Druck	bar	80,959	[124]
Azentrischer Faktor nach Pitzer	-	0,5656	[124]
Dipolmoment	Cm	$5,6706 \cdot 10^{-30}$	[124]
Trägheitsradius	Å	1,552	[124]
Wärmekapazität in der idealen Gasphase bei 298,15 K	J/molK	43,95	[124]
Dampfdruck bei 298,15 K	bar	0,168	[124]
Ethanol			
Summenformel: C_2H_5OH		CAS-Nummer: 64-17-5	
Eigenschaft	**Einheit**	**Wert**	**Quelle**
Bildungsenthalpie	kJ/mol	-234,43	[124]
Freie Bildungsenthalpie	kJ/mol	-167,9	[124]
Kritische Temperatur	K	516,25	[124]
Kritischer Druck	bar	63,835	[124]
Azentrischer Faktor nach Pitzer	-	0,6371	[124]
Dipolmoment	Cm	$5,6372 \cdot 10^{-30}$	[124]
Trägheitsradius	Å	2,259	[124]
Wärmekapazität in der idealen Gasphase bei 298,15 K	J/molK	65,1	[124]
Dampfdruck bei 298,15 K	bar	0,079	[124]

Tabelle A-6: Stoffdaten verschiedener Alkohole (Fortsetzung)

Phenol			
Summenformel: C_6H_5OH		CAS-Nummer: 108-95-2	
Eigenschaft	Einheit	Wert	Quelle
Bildungsenthalpie	kJ/mol	-96,399	[124]
Freie Bildungsenthalpie	kJ/mol	-32,637	[124]
Kritische Temperatur	K	694,25	[124]
Kritischer Druck	bar	61,3	[124]
Azentrischer Faktor nach Pitzer	-	0,44346	[124]
Dipolmoment	Cm	$4,84 \cdot 10^{-30}$	[124]
Trägheitsradius	Å	3,415	[124]
Wärmekapazität in der idealen Gasphase bei 298,15 K	J/molK	104,4	[124]
Dampfdruck bei 298,15 K	bar	0,0006	[124]
Propylenglycol			
Summenformel: $C_3H_8O_2$		CAS-Nummer: 57-55-6	
Eigenschaft	Einheit	Wert	Quelle
Bildungsenthalpie	kJ/mol	-421,5 -429,8	[124] [136]
Freie Bildungsenthalpie	kJ/mol	-304,48	[124, 134]
Kritische Temperatur	K	626	[124]
Kritischer Druck	bar	61	[124]
Azentrischer Faktor nach Pitzer	-	1,1065	[124]
Dipolmoment	Cm	$1,2108 \cdot 10^{-29}$	[124]
Trägheitsradius	Å	3,154	[124]
Wärmekapazität in der idealen Gasphase bei 298,15 K	J/molK	102,18	[124]
Dampfdruck bei 298,15 K	bar	0,0002	[124]

Tabelle A-6: Stoffdaten verschiedener Alkohole (Fortsetzung)

1-Butanol			
Summenformel: $C_4H_{10}O$		CAS-Nummer: 71-36-3	
Eigenschaft	**Einheit**	**Wert**	**Quelle**
Bildungsenthalpie	kJ/mol	-274,68	[124]
Freie Bildungsenthalpie	kJ/mol	-150,79	[124]
Kritische Temperatur	K	562,93	[124]
Kritischer Druck	bar	44,127	[124]
Azentrischer Faktor nach Pitzer	-	0,5945	[124]
Dipolmoment	Cm	$5,5372 \cdot 10^{-30}$	[124]
Trägheitsradius	Å	3,251	[124]
Wärmekapazität in der idealen Gasphase bei 298,15 K	J/molK	111,91	[134]
Dampfdruck bei 298,15 K	bar	0,009395	[134]
Tertiäres Butanol			
Summenformel: $C_4H_{10}O$		CAS-Nummer: 75-65-0	
Eigenschaft	**Einheit**	**Wert**	**Quelle**
Bildungsenthalpie	kJ/mol	-312,4	[124]
Freie Bildungsenthalpie	kJ/mol	-177,6	[124]
Kritische Temperatur	K	506,2	[124]
Kritischer Druck	bar	39,72	[124]
Azentrischer Faktor nach Pitzer	-	0,615203	[124]
Dipolmoment	Cm	$5,57 \cdot 10^{-30}$	[124]
Trägheitsradius	Å	3,067	[124]
Wärmekapazität in der idealen Gasphase bei 298,15 K	J/molK	115,34	[134]
Dampfdruck bei 298,15 K	bar	0,055832	[134]

Tabelle A-7: Stoffdaten von Propylenoxid

Propylenoxid			
Summenformel: C_3H_6O		CAS-Nummer: 75-56-9	
Eigenschaft	**Einheit**	**Wert**	**Quelle**
Bildungsenthalpie	kJ/mol	-92,759	[124]
Freie Bildungsenthalpie	kJ/mol	-25,773	[124]
Kritische Temperatur	K	482,25	[124]
Kritischer Druck	bar	49,244	[124]
Azentrischer Faktor nach Pitzer	-	0,271	[124]
Dipolmoment	Cm	$6,7046 \cdot 10^{-30}$	[124]
Trägheitsradius	Å	2,66	[124]
Wärmekapazität in der idealen Gasphase bei 298,15 K	J/molK	73,65	[124]
Dampfdruck bei 298,15 K	bar	0,7108	[124]

Tabelle A-8: Stoffdaten ausgewählter organischer Carbonate

Propylencarbonat

Summenformel: $C_4H_6O_3$		CAS-Nummer: 108-32-7	
Eigenschaft	**Einheit**	**Wert**	**Quelle**
Bildungsenthalpie	kJ/mol	-553,9 -601,2	[87] [86]
Freie Bildungsenthalpie	kJ/mol	-426,9 -428,9	Eigene DFT-Rechnung Berechnet aus $\Delta^F H$ nach [87] und $\Delta^F S$ abgeschätzt nach Benson und Buss [46]
Dampfdruck bei 515,05 K	bar	1,01325	[137]

Dimethylcarbonat

Summenformel: $C_3H_6O_3$		CAS-Nummer: 616-38-6	
Eigenschaft	**Einheit**	**Wert**	**Quelle**
Bildungsenthalpie	kJ/mol	-570,7	[87, 138]
Freie Bildungsenthalpie	kJ/mol	-463,78	[138]
Kritische Temperatur	K	557	[139]
Kritischer Druck	bar	48	[139]
Azentrischer Faktor nach Pitzer	-	0,3365	[139]
Wärmekapazität in der idealen Gasphase bei 298,15 K	J/molK	168,8	[139]
Dampfdruck bei 310,56 K	bar	0,113322	[139]

Diphenylcarbonat

Summenformel: $C_{13}H_{10}O_3$		CAS-Nummer: 102-09-0	
Eigenschaft	**Einheit**	**Wert**	**Quelle**
Bildungsenthalpie	kJ/mol	-297,6	[87]
Freie Bildungsenthalpie	kJ/mol	-133,86	Berechnet aus $\Delta^F H$ nach [87] und $\Delta^F S$ abgeschätzt nach Benson und Buss [46]

Tabelle A-9: Stoffdaten von Wasser

Wasser			
Summenformel: H_2O		CAS-Nummer: 7732-18-5	
Eigenschaft	**Einheit**	**Wert**	**Quelle**
Bildungsenthalpie	kJ/mol	-241,82	[124]
Freie Bildungsenthalpie	kJ/mol	-228,59	[124]
Kritische Temperatur	K	647,13	[124]
Kritischer Druck	bar	220,55	[124]
Azentrischer Faktor nach Pitzer	-	0,3449	[124]
Dipolmoment	Cm	$6,1709 \cdot 10^{-30}$	[124]
Trägheitsradius	Å	0,615	[124]
Wärmekapazität in der idealen Gasphase bei 298,15 K	J/molK	33,58	[124]
Dampfdruck bei 298,15 K	bar	0,317	[124]

Tabelle A-10: Stoffdaten von Wasserstoff

Wasserstoff			
Summenformel: H_2		CAS-Nummer: 1333-74-0	
Eigenschaft	**Einheit**	**Wert**	**Quelle**
Bildungsenthalpie	kJ/mol	0	per definitionem[3]
Freie Bildungsenthalpie	kJ/mol	0	per definitionem[3]
Kritische Temperatur	K	33,18	[124]
Kritischer Druck	bar	13,13	[124]
Azentrischer Faktor nach Pitzer	-	-0,215	[124]
Dipolmoment	Cm	0	[124]
Trägheitsradius	Å	0,3708	[124]
Wärmekapazität in der idealen Gasphase bei 298,15 K	J/molK	28,78	[124]

Tabelle A-11: Stoffdaten von n-Butanal

Butanal			
Summenformel: C_4H_8O		CAS-Nummer: 123-72-8	
Eigenschaft	**Einheit**	**Wert**	**Quelle**
Bildungsenthalpie	kJ/mol	-207	[134]
Freie Bildungsenthalpie	kJ/mol	-116,2	[134]
Kritische Temperatur	K	537,2	[124]
Kritischer Druck	bar	40	[134]
Azentrischer Faktor nach Pitzer	-	0,345	[134]
Wärmekapazität in der idealen Gasphase bei 298,15 K	J/molK	106,35	[134]
Dampfdruck bei 298,15 K	bar	0,1484	[134]

---

[3] Die Bildungsgrößen von Elementen bei Bezugstemperatur und -druck sind gleich null, da bei ihrer „Bildung aus den Elementen" keine Zustandsänderung auftritt.

Tabelle A-12: Stoffdaten der betrachteten Amine

Pyrrolidin			
Summenformel: C_4H_9N		CAS-Nummer: 123-75-1	
Eigenschaft	**Einheit**	**Wert**	**Quelle**
Bildungsenthalpie	kJ/mol	-3,5982	[124, 134]
Freie Bildungsenthalpie	kJ/mol	114,68	[124, 134]
Kritische Temperatur	K	568,55	[124, 134]
Kritischer Druck	bar	56,134	[124, 134]
Azentrischer Faktor nach Pitzer	-	0,2753	[124, 134]
Dipolmoment	Cm	$5,2703 \cdot 10^{-30}$	[124]
Trägheitsradius	Å	2,7	[124]
Wärmekapazität in der idealen Gasphase bei 298,15 K	J/molK	85,07	[134]
Dampfdruck bei 298,15 K	bar	0,0836	[134]

Tabelle A-12: Stoffdaten der betrachteten Amine (Fortsetzung)

N-Formylpyrrolidin			
Summenformel: C_5H_9NO		CAS-Nummer: 3760-54-1	
Eigenschaft	**Einheit**	**Wert**	**Quelle**
Bildungsenthalpie	kJ/mol	-166,45	Abgeschätzt mit Methode nach Benson und Buss [46]
Freie Bildungsenthalpie	kJ/mol	-27,85	Abgeschätzt mit Methode nach Benson und Buss [46]
Kritische Temperatur	K	633,6	Abgeschätzt mit Methode nach Joback und Reid [44]
Kritischer Druck	bar	56,13	Abgeschätzt mit Methode nach Joback und Reid [44]
Azentrischer Faktor nach Pitzer	-	0,43	Abgeschätzt mit Methode nach Constantinou *et al.* [60]
Wärmekapazität in der idealen Gasphase bei 298,15 K	J/molK	106,2	Abgeschätzt mit Methode nach Benson und Buss [46]
Dampfdruck bei 342 K	bar	0,004	[140]
Piperidin			
Summenformel: $C_5H_{11}N$		CAS-Nummer: 2591-86-8	
Eigenschaft	**Einheit**	**Wert**	**Quelle**
Bildungsenthalpie	kJ/mol	-48,9	[134]
Freie Bildungsenthalpie	kJ/mol	102	[134]

Tabelle A-12: Stoffdaten der betrachteten Amine (Fortsetzung)

N-Formylpiperidin			
Summenformel: $C_6H_{11}NO$		CAS-Nummer: 2591-86-8	
Eigenschaft	**Einheit**	**Wert**	**Quelle**
Bildungsenthalpie	kJ/mol	-209,69	Abgeschätzt mit Methode nach Benson und Buss [46]
Freie Bildungsenthalpie	kJ/mol	-32,29	Abgeschätzt mit Methode nach Benson und Buss [46]
Piperazin			
Summenformel: $C_4H_{10}N_2$		CAS-Nummer: 110-85-0	
Eigenschaft	**Einheit**	**Wert**	**Quelle**
Bildungsenthalpie	kJ/mol	22,3	[134]
Freie Bildungsenthalpie	kJ/mol	185	[134]
N-Formylpiperazin			
Summenformel: $C_5H_{10}N_2O$		CAS-Nummer: 7755-92-2	
Eigenschaft	**Einheit**	**Wert**	**Quelle**
Bildungsenthalpie	kJ/mol	-144,43	Abgeschätzt mit Methode nach Benson und Buss [46]
Freie Bildungsenthalpie	kJ/mol	63,13	Abgeschätzt mit Methode nach Benson und Buss [46]

Tabelle A-12: Stoffdaten der betrachteten Amine (Fortsetzung)

N-Diformylpiperazin			
Summenformel: $C_6H_{10}N_2O_2$		CAS-Nummer: 4164-39-0	
Eigenschaft	**Einheit**	**Wert**	**Quelle**
Bildungsenthalpie	kJ/mol	-307,26	Abgeschätzt mit Methode nach Benson und Buss [46]
Freie Bildungsenthalpie	kJ/mol	-78,70	Abgeschätzt mit Methode nach Benson und Buss [46]
Propylamin			
Summenformel: C_3H_9N		CAS-Nummer: 107-10-8	
Eigenschaft	**Einheit**	**Wert**	**Quelle**
Bildungsenthalpie	kJ/mol	-70,1	[134]
Freie Bildungsenthalpie	kJ/mol	41,9	[134]
N-Formylpropylamin			
Summenformel: C_4H_9NO		CAS-Nummer: 6281-94-3	
Eigenschaft	**Einheit**	**Wert**	**Quelle**
Bildungsenthalpie	kJ/mol	-232,8	Abgeschätzt mit Methode nach Benson und Buss [46]
Freie Bildungsenthalpie	kJ/mol	-99,9	Abgeschätzt mit Methode nach Benson und Buss [46]

Tabelle A-13: Stoffdaten des in Kapitel 5.7 beschriebenen δ-Lactons

6-ethenyl-3-ethylidenetetrahydro-2H-Pyran-2-on			
Summenformel: $C_9H_{12}O_2$		CAS-Nummer: 67693-94-1	
Eigenschaft	**Einheit**	**Wert**	**Quelle**
Bildungsenthalpie	kJ/mol	-247,33	Abgeschätzt mit Methode nach Benson und Buss [46]
Freie Bildungsenthalpie	kJ/mol	-26,1 -19,4	Abgeschätzt mit Methode nach Joback und Reid [44] DFT-Rechnung
Kritische Temperatur	K	425,17	Abgeschätzt mit Methode nach Joback und Reid [44]
Kritischer Druck	bar	42,77	Abgeschätzt mit Methode nach Joback und Reid [44]
Azentrischer Faktor nach Pitzer	-	0,48	Abgeschätzt mit Methode nach Constantinou et al. [60]
Dipolmoment	Cm	$7,93 \cdot 10^{-30}$	Abgeschätzt mit der in Kap. 4 beschriebenen Methode
Wärmekapazität in der idealen Gasphase bei 298,15 K	J/molK	180,4	DFT-Rechnung
Dampfdruck bei 349,15 K	bar	0,00013	[105]

Tabelle A-14: Stoffdaten von Glucose

Glucose			
Summenformel: $C_6H_{12}O_6$		CAS-Nummer: 50-99-7	
Eigenschaft	**Einheit**	**Wert**	**Quelle**
Bildungsenthalpie (fest)	kJ/mol	-1269 ± 4,2	[122]
Bildungsenthalpie (flüssig)	kJ/mol	-1259 -1258	Umgerechnet aus experimentellen Daten für den Feststoff Abgeschätzt mit Methode nach Domalski [48]
Schmelztemperatur	K	419,5 425	[124] [141]
Schmelzenthalpie	kJ/mol	31,43	[124]
Dampfdruck bei 395,55 K	bar	$2,6 \cdot 10^{-8}$	[141]
Wärmekapazität in der Festphase bei 298,15 K	J/molK	219,2 220,9	[124] Abgeschätzt mit Methode nach Domalski [48]
Wärmekapazität in der Flüssigphase bei 298,15 K	J/molK	426,32	Abgeschätzt mit Methode nach Domalski [48]

A.2 Daten für die Anpassung der Parameter in Kapitel 4

Tabelle A-15: Daten zur Parameteranpassung für das Dipolmoment

Stoff	CAS	μ_{exp} [D]	v_{exp} [cm^3/mol]	$\mu_{modelliert}$ [D]
1,1,1-Trichlorethan	71-55-6	1,78	100,28	0,86
1,1,2,2-Tetrabromethan	79-27-6	1,30	118,11	1,73
1,1,2,2-Tetrachlorethan	79-34-5	1,29	105,75	2,01
1,1-Dibromethan	557-91-5	2,14	91,85	1,45
1,1-Dichlorethan	75-34-3	2,06	84,72	1,67
1,1-Dichlorethen	75-35-4	1,34	86,82	0,69
1,1-Dichlorpropan	78-99-9	2,08	100,36	1,63
1,1-Diflourethan	75-37-6	2,27	65,13	1,98
1,1-Diflourethen	75-38-7	1,38	55,19	1,91
1,2-Dibromethan	106-93-4	1,01	86,61	2,11
1,2-Dibrompropan	78-75-1	1,24	104,90	2,06
1,2-Dichlo-1,1,2,2-tetraflourethan	76-14-2	0,56	112,57	1,39
1,2-Dichlorpropan	78-87-5	1,17	98,29	2,18
1,2-Diflourethan	624-72-6	2,67	65,03	2,44
1,2-Dihydroxybenzol	120-80-9	2,60	95,26	2,20
1,2-Propylenglycol	57-55-6	3,63	73,69	2,52
1,2-Propylenoxid	75-56-9	2,01	70,55	2,41
1,3-Dichlorpropan	142-28-9	2,08	95,65	2,18
1,3-Dihydroxybenzol	108-46-3	2,09	93,58	2,19
1,4-Dichlorbutan	110-56-5	2,22	111,88	2,14
1,5-Pentandiol	111-29-5	2,37	104,81	2,42
1,6,Hexandiol	629-11-8	2,50	122,48	2,37
1.2-Dichlorethan	107-06-2	2,94	79,44	2,24
1.5-Dichlorpentan	628-76-2	2,36	128,73	2,10
1-Brompropan	106-94-5	2,18	91,43	1,69
1-Buten	106-98-9	0,34	89,62	0,37
1-Chlor-1,1-diflourethan	75-68-3	2,14	83,73	1,17
1-Chlorpentan	543-59-9	2,16	121,43	1,71

Tabelle A-15: Daten zur Parameteranpassung für das Dipolmoment (Fortsetzung)

Stoff	CAS	μ_{exp} [D]	v_{exp} [cm³/mol]	$\mu_{modelliert}$ [D]
1-Chlorpropan	540-54-5	2,05	91,71	1,77
1-Hexene	592-41-6	0,34	126,10	0,36
1-Hexenol	111-27-3	1,65	125,21	1,91
1-Methylnaphtalin	90-12-0	0,50	139,37	0,37
1-Nitrobutan	627-05-4	3,40	106,50	3,43
1-Nitropropan	108-03-2	3,66	89,47	3,51
1-Nonanol	143-08-8	1,70	174,92	1,82
1-Octanol	111-87-5	1,65	158,23	1,85
1-Penten	109-67-1	0,51	110,47	0,36
2,4-Dimethyl-3-pentanon	565-80-0	2,73	125,22	2,64
2,4-Xylenol	105-67-9	2,00	119,75	1,66
2-Chlorethanol	107-07-3	1,78	67,31	2,43
2-Brombutan	78-76-2	2,23	109,39	1,66
2-Brompropan	75-26-3	2,21	95,93	1,69
2-Chlorpropen	557-98-2	1,66	85,23	0,81
2-Hexanon	591-78-6	2,68	124,12	2,79
2-methyl-1-buten	563-46-2	0,51	108,68	0,18
2-Methyl-2-butanol	75-85-4	1,70	109,54	1,83
2-Nitropropan	79-46-9	3,73	90,59	3,52
2-Pentanon	107-87-9	2,72	107,40	2,85
3-Amino-1-propanol	156-87-6	2,69	77,29	2,16
3-Methyl-1-butanol	123-51-3	1,80	108,53	1,94
3-Methyl-1-buten	563-45-1	0,32	111,82	0,32
4-Methyl-1-penten	691-37-2	0,27	127,69	0,36
Acenaphten	83-32-9	0,25	149,79	0,33
Aceton	67-64-1	2,88	73,93	2,94
Acrolein	107-02-8	3,12	67,16	3,24
Acrylsäure	79-10-7	1,46	68,93	2,02
Adipinsäure	124-04-9	2,32	133,94	2,05

Tabelle A-15: Daten zur Parameteranpassung für das Dipolmoment (Fortsetzung)

Stoff	CAS	μ_{exp} [D]	v_{exp} [cm³/mol]	$\mu_{modelliert}$ [D]
Anilin	62-53-3	1,53	91,51	1,68
Antrazen	120-12-7	0,00	182,94	0,06
Äpfelsäure	6915-15-7	3,12	109,89	2,79
Azalainsäure	123-99-9	2,35	179,86	1,97
Benzol	71-43-2	0,00	89,49	0,00
Benzylamin	100-46-9	1,38	109,18	1,12
Benzoesäure	65-85-0	1,00	112,45	1,75
Bromethan	74-96-4	2,03	75,15	1,74
Butadien	106-99-0	0,00	83,12	0,00
Butanal	123-72-8	2,72	90,48	2,45
Butoxyethanol	111-76-2	2,08	131,84	2,04
Buttersäure	107-92-6	1,23	92,46	1,74
Butylamin	109-73-9	1,39	98,76	1,21
Butylethylether	628-81-9	1,22	137,07	1,27
Butylnaphtalin	1634-09-9	0,69	189,36	0,35
Butylvinylether	111-34-2	1,25	129,41	1,24
Chloracedaldehyd	107-20-0	1,99	65,42	2,63
Chloressigsäure	79-11-8	2,31	68,65	1,97
Chlorethan	75-00-3	2,05	71,18	1,83
cis-1,2-Dichlorethen	156-59-2	1,90	76,64	1,02
cis-1,2-Diflourethen	1630-77-9	2,42	55,40	1,36
cis-2,trans-4-Hexadien	5194-50-3	0,31	114,31	0,32
cis-2-Buten	590-18-1	0,30	87,45	0,34
cis-2-Penten	627-20-3	0,30	107,95	0,29
cis-3-Hexen	7642-09-3	0,34	124,64	0,36
Cyclohexan	110-82-7	0,61	108,86	0,30
Cyclohexanom	108-94-1	3,08	104,14	2,90
Cyclohexen	110-83-8	0,55	101,89	0,49
Cyclohexylamin	108-91-8	1,31	114,97	1,34

Tabelle A-15: Daten zur Parameteranpassung für das Dipolmoment (Fortsetzung)

Stoff	CAS	μ_{exp} [D]	v_{exp} [cm³/mol]	$\mu_{modelliert}$ [D]
Cyclopentan	287-92-3	0,00	93,51	0,09
Cyclopropan	75-19-4	0,00	60,21	0,01
Cylclohexanol	108-93-0	1,86	104,29	1,92
Cylclopentanon	120-92-3	2,93	89,06	2,97
Diacetonalcohol	123-42-2	3,24	124,33	2,98
Dibutylamin	111-92-2	1,10	170,58	0,87
Diethanolamin	111-42-2	0,85	96,25	2,21
Diethyamin	109-89-7	0,92	104,24	0,93
Diethylencarbonat	105-58-8	1,10	121,73	2,21
Diethylenglycol	111-46-6	5,49	95,27	2,55
Diethylether	60-29-7	1,15	104,67	1,32
Diethylpthalat	84-66-2	2,90	199,69	2,85
Diisopropylether	108-20-3	1,13	141,77	1,15
Dimethylamin	124-40-3	1,03	67,26	0,90
Dimethylether	115-10-6	1,30	63,15	1,13
Dimethylphthalat	131-11-3	2,80	163,36	2,89
Dipropylamin	142-84-7	1,07	137,29	0,89
Epichlorhydrin	106-89-8	1,80	78,78	1,98
Essigsäure	64-19-7	1,74	57,58	1,66
Ethan	74-84-0	0,00	55,20	0,00
Ethanal	75-07-0	2,69	56,50	2,52
Ethanol	64-17-5	1,69	58,52	2,11
Ethen	74-85-1	0,00	49,24	0,15
Ethoxyethylacetat	111-15-9	2,25	136,20	1,99
Ethylacetat	141-78-6	1,78	98,60	1,91
Ethylamin	75-04-7	1,22	65,64	1,28
Ethylbenzol	100-41-4	0,60	122,68	0,48
Ethylcyclopentan	1640-89-7	0,00	128,83	0,08
Ethylencarbonat	96-49-1	4,51	65,96	2,92
Ethylendiamin	107-15-3	1,90	67,29	1,58

Tabelle A-15: Daten zur Parameteranpassung für das Dipolmoment (Fortsetzung)

Stoff	CAS	μ_{exp} [D]	v_{exp} [cm³/mol]	$\mu_{modelliert}$ [D]
Ethylenimin	151-56-4	1,90	51,80	2,05
Ethylglycol	107-21-1	2,31	55,92	2,63
Ethylisovalerat	108-64-5	1,97	150,55	1,92
Ethyllactat	97-64-3	2,40	114,99	2,72
Ethylmethacrylat	97-63-2	2,15	125,71	2,06
Ethylmethylpropanoat	97-62-1	2,10	133,67	1,71
Ethylpropionat	105-37-3	1,75	115,48	1,99
Ethylpropylether	628-32-0	1,16	121,74	1,29
Ethylvinylether	109-92-2	1,27	96,24	1,29
Etylenoxid	75-21-8	1,89	49,91	2,54
Flourethan	353-36-6	1,94	58,78	2,00
Fumarsäure	110-17-8	2,45	108,11	2,37
γ-Butyrolacton	96-48-0	3,82	76,54	2,71
Glutarsäure	110-94-1	2,64	109,25	2,11
Glycerin	56-81-5	4,21	73,29	2,86
Hexachlorethan	67-72-1	0,00	142,92	0,00
Hexaflourethan	76-16-4	0,00	86,37	0,00
Isobutan	75-28-5	0,13	97,71	0,11
Isobutanol	78-83-1	1,70	92,91	1,98
Isobuten	115-11-7	0,50	89,43	0,53
Isobuttersäure	79-31-2	1,09	93,12	1,32
Isobutylamin	78-81-9	1,27	100,26	1,27
Isobutylformiat	542-55-2	1,89	116,76	1,89
Isohexan	107-83-5	0,00	132,93	0,09
Isopentan	78-78-4	0,13	117,10	0,06
Isopenten	513-35-9	0,34	106,71	0,23
Isophthalsäure	121-91-5	2,27	124,48	2,20
Isopropanol	67-63-0	1,66	76,78	2,01
Isopropylacetat	108-21-4	1,75	117,24	1,84
Isopropylamin	75-31-0	1,50	86,43	1,41

Tabelle A-15: Daten zur Parameteranpassung für das Dipolmoment (Fortsetzung)

Stoff	CAS	μ_{exp} [D]	v_{exp} [cm³/mol]	$\mu_{modelliert}$ [D]
Isovaleriansäure	503-74-2	0,63	110,26	1,70
m-Diethylbenzol	105-05-5	0,36	156,03	0,33
m-Dinitrobenzol	99-65-0	3,84	123,73	3,88
Methacrolein	78-85-3	2,68	83,42	3,03
Methacrylsäure	79-41-4	1,65	85,11	1,57
Methanol	67-56-1	1,70	40,70	2,16
Methylacetat	79-20-9	1,68	79,89	1,92
Methylamin	74-89-5	1,31	44,71	1,48
Methylbenzoat	93-58-3	2,53	125,53	2,39
Methylcyclohexan	108-87-2	0,00	128,19	0,30
Methylcyclopentan	96-37-7	0,00	113,04	0,00
Methylethanolamin	109-83-1	2,16	80,45	1,64
Methylethylether	540-67-0	1,23	84,12	1,24
Methylisopropylketon	563-80-4	2,77	106,97	2,75
Methylmethacrylat	80-62-6	1,97	106,83	2,06
Methylpropanoat	554-12-1	1,70	96,93	1,99
Methylsalicylat	119-36-8	2,47	129,52	2,60
Metyethylketon	78-93-3	2,76	90,21	2,92
Metylbutyrat	623-42-7	1,72	114,38	1,95
m-Kresol	108-39-4	1,59	105,00	1,74
m-Nitroanilin	99-09-2	4,90	133,67	3,22
Monoethanolamin	141-43-5	0,78	60,26	2,23
m-Toluidin	108-44-1	1,49	108,75	1,71
m-Xylol	108-38-3	0,30	123,35	0,34
Naphtalin	91-20-3	0,00	130,83	0,39
n-Butan	106-97-8	0,00	96,55	0,00
n-Butanol	71-36-3	1,66	91,94	1,99
n-Butylacetat	123-86-4	1,84	132,55	1,84
n-Butylformiat	592-84-7	1,92	115,16	1,91
n-Decan	124-18-5	0,00	195,35	0,00

Tabelle A-15: Daten zur Parameteranpassung für das Dipolmoment (Fortsetzung)

Stoff	CAS	μ_{exp}	V_{exp} [cm³/mol]	$\mu_{modelliert}$ [D]
Neohexan	75-83-2	0,00	133,71	0,00
Neopentan	463-82-1	0,00	119,53	0,00
n-Heptan	142-82-5	0,00	147,02	0,00
n-Hexan	110-54-3	0,00	131,31	0,00
Nitroethan	79-24-3	3,65	72,00	3,61
Nitromethan	75-52-5	3,46	54,09	3,77
n-Pentan	109-66-0	0,00	116,13	0,00
n-Pentanol	71-41-0	1,70	108,53	1,94
n-Propanol	71-23-8	1,68	74,94	2,04
n-Propylactetat	109-60-4	1,79	115,71	1,87
o-Ethyltoluol	611-14-3	0,56	137,12	0,62
o-Kresol	95-48-7	1,45	104,37	1,76
Ölsäure	112-80-1	1,44	318,20	1,45
o-Nitroanilin	88-74-4	4,06	135,80	3,22
o-Nitrotoluol	99-08-1	4,23	119,00	3,15
o-Toluolsäure	118-90-1	1,70	126,89	1,79
o-Xylol	95-47-6	0,63	121,14	0,63
p-Aminodiphenyl	92-67-1	1,76	168,70	1,56
p-Diethylbenzol	105-05-5	0,00	156,43	0,00
p-Dinitrobenzol	100-25-4	0,00	144,43	0,00
Pentachlorethan	76-01-7	0,92	120,77	0,98
Pentaflourethan	354-33-6	1,54	80,30	1,92
Pentylformiat	638-49-3	1,90	131,72	1,87
p-Ethylentoluol	622-96-8	0,00	140,24	0,02
Phenol	108-95-2	1,45	89,09	1,72
Phthalsäure	88-99-3	2,60	144,74	2,17
Piperazin	110-85-0	1,47	129,37	1,29
p-Kresol	106-44-5	1,56	104,96	1,74
p-Nitrotoluol	99-99-0	4,44	121,89	3,14
Propan	74-98-6	0,00	75,64	0,00

Tabelle A-15: Daten zur Parameteranpassung für das Dipolmoment (Fortsetzung)

Stoff	CAS	μ_{exp} [D]	v_{exp} [cm³/mol]	$\mu_{modelliert}$ [D]
Propen	115-07-1	0,37	68,80	0,30
Propionsäure	79-09-4	1,75	74,96	1,79
Propylformiat	110-74-7	1,90	97,94	1,95
Propylpropionat	106-36-5	1,79	132,48	1,95
p-Toluidin	106-49-0	1,31	110,84	1,70
p-Xylol	106-42-3	0,00	123,84	0,00
Salicylsäure	69-72-7	2,65	95,72	2,24
sec-Butylamin	13952-84-6	1,28	101,58	1,38
Terephtalsäure	100-21-0	2,60	117,02	2,61
tert-Butanol	75-65-0	1,70	94,88	1,86
tert-Butylacetat	540-88-5	1,91	134,84	1,72
Tetrachlorethen	127-18-4	0,00	102,81	0,00
Tetrahydrofuran	109-99-9	1,63	81,94	2,38
Tetrahydrofurfurylalcohol	97-99-4	2,12	97,43	2,67
Toluol	108-88-3	0,36	106,56	0,49
trans-1,2-Dichlorethen	156-60-5	0,00	77,90	0,00
trans-1,2-Diflourethen	1630-78-0	0,55	55,40	1,35
trans-2-Buten	624-64-6	0,00	89,41	0,02
trans-2-Butensäure	107-93-7	2,13	88,66	1,96
trans-2-Penten	646-04-8	0,00	109,10	0,31
trans-3-Hexen	13269-52-8	0,00	125,15	0,03
trans-Crotonaldehyd	123-73-9	3,67	82,79	3,15
trans-Crotonsäure	107-93-7	2,13	88,66	1,95
Trichlorethen	79-01-6	0,77	90,13	0,94
Valeralaldehyd	110-62-3	2,57	106,97	2,39
Vinylbromid	593-60-2	1,42	70,24	1,42
Vinylchlorid	75-01-4	1,45	64,72	0,85

Tabelle A-16: Daten zum Testen der Parameter für das Dipolmoment

Stoff	CAS	μ_{exp} [Debye]	v_{exp} [cm³/mol]	$\mu_{modelliert}$ [Debye]
1,2-Dimethoxyethan	110-71-4	1,71	104,21	1,52
1,4-Butandiol	110-63-4	3,93	88,99	2,40
1-Heptanol	111-70-6	1,70	141,95	1,97
1-Octen	112-66-0	0,30	157,85	0,38
2,4-Dimethyl-3-pentanon	565-80-0	2,73	125,22	2,76
2-Chlorbutan	78-86-4	2,10	106,76	1,91
2-Ethylhexanal	123-05-7	2,66	156,52	2,21
2-Methoxyethanol	109-86-4	2,04	79,29	1,90
2-Methyl-1-propanol	78-83-1	1,70	92,91	1,97
2-Octanol	123-96-6	1,60	159,38	1,90
3-Pentanon	96-22-0	2,70	106,41	3,21
4-Methyl-2(methyl isobutyl keton)	108-10-1	2,80	125,81	3,02
Bernsteinsäure	110-15-6	2,20	88,50	2,03
Butylbutanat	105-66-8	1,80	149,95	2,00
Butylpropionat	590-01-2	1,80	149,31	2,01
Dioctylphthalat	117-84-0	2,84	398,54	3,00
Ethylbutanoat	105-54-4	1,80	132,95	2,10
Ethylvinylether	109-92-2	1,27	96,24	1,26
Hexylenglycol	107-41-5	2,90	128,72	2,22
Isobutylacetat	110-19-0	1,87	133,60	1,88
Nitrobenzol	98-95-3	4,22	102,72	3,09
Octan	111-65-9	0,00	163,51	0,00
Phenylethanol	60-12-8	1,65	120,22	1,95
Propylamin	107-10-8	1,17	82,79	1,18
trans-2-Butensäure	107-93-7	2,13	88,66	1,86
Triethylenglycol	112-27-6	5,58	133,85	2,60

A.3 Gleichungssysteme zur Berechnung von Gleichgewichtslagen

Reaktionsgleichgewicht für eine Reaktion ohne überlagertes Phasengleichgewicht

Die Bestimmungsgleichung für eine Reaktion mit m Komponenten in der Gasphase wird durch Einsetzen von Gleichung 3-12 in Gleichung 3-10 und schließendes Einsetzen in Gleichung 3-4 erhalten:

$$K_f = \prod_i \left(\frac{\left(n_i^{Beginn} + v_i \lambda\right) \cdot P \cdot \varphi_i}{\left(n_{gesamt}^{Beginn} + \sum_{k=1}^{m} v_k \lambda\right) \cdot P^+} \right)^{v_i} \qquad \text{A-1}$$

Die Gleichgewichtskonstante K_f wird mit Hilfe von Gleichung 3-4 aus der Freien Reaktionsenthalpie berechnet und Gleichung A-1 mit der Reaktionslaufzahl λ als Variable analytisch oder numerisch gelöst.

Reaktionsgleichgewicht für mehrere Reaktionen ohne überlagertes Phasengleichgewicht

In einem Reaktionssystem mit m Stoffen und n Reaktionen wird das Gleichgewicht durch ein n-dimensionales Gleichungssystem beschrieben. Die Gleichungen für jede Reaktion j werden durch Einsetzen von Gleichung 3-13 in Gleichung 3-10 und schließendes Einsetzen in Gleichung 3-4 erhalten:

$$K_{f,j} = \prod_i \left(\frac{\left(n_i^{Beginn} + \sum_{l=1}^{n} v_{i,l} \lambda_l\right) \cdot P \cdot \varphi_i}{\left(n_{gesamt}^{Beginn} + \sum_{l=1}^{n} \sum_{k=1}^{m} v_{k,l} \lambda_l\right) \cdot P^+} \right)^{v_{i,j}} \qquad \text{A-2}$$

Die Gleichgewichtskonstanten $K_{f,j}$ werden für jede Reaktion einzeln mit Hilfe von Gleichung 3-4 berechnet. Das erhaltene nichtlineare System aus n Gleichungen der Form A-2 mit den Reaktionslaufzahlen λ_j als Variablen wird anschließend numerisch gelöst.

Reaktionsgleichgewicht für mehrere Reaktionen mit überlagertem Phasengleichgewicht

Tritt im System neben dem Reaktionsgleichgewicht ein Flüssig-Dampf-Gleichgewicht auf, so müssen zwei Typen von Gleichungen gelöst werden: eine Gleichung für das Phasengleichgewicht und eine für das Gleichgewicht jeder Reaktion.

Die Gleichung für das Phasengleichgewicht wird durch Einsetzen von Gleichung 3-17 in Gleichung 3-15 erhalten.

$$1 = \sum_{i=1}^{m} \frac{\left(n_i^{Beginn} + \sum_{l=1}^{n} \nu_{i,l}\lambda_l\right) \cdot \gamma_i \cdot P_{0i}^{LV} \cdot \varphi_{0i}^{LV} \cdot \Pi_{0i}}{\left(\varepsilon + \frac{\gamma_i P_{0i}^{LV} \varphi_{0i}^{LV} \Pi_{0i}}{P\varphi_i} \cdot (1-\varepsilon)\right) \cdot \left(n_{gesamt}^{Beginn} + \sum_{l=1}^{n}\sum_{k=1}^{m} \nu_{k,l}\lambda_l\right) \cdot \varphi_i \cdot P} \qquad \text{A-3}$$

Die Gleichungen für das Reaktionsgleichgewicht in einem System mit n Reaktionen werden durch Einsetzen von Gleichung 3-17 in Gleichung 3-16 und folgendem Einsetzen in Gleichung 3-4 erhalten.

$$K_{f,j} = \prod_i \left(\frac{\cdot \left(n_i^{Beginn} + \sum_{l=1}^{n} \nu_{i,l}\lambda_l\right) \cdot (\gamma_i P_{0i}^{LV} \varphi_{0i}^{LV} \Pi_{0i}) \cdot P \cdot \varphi_i}{\left(\varepsilon + \frac{\gamma_i P_{0i}^{LV} \varphi_{0i}^{LV} \Pi_{0i}}{P\varphi_i} \cdot (1-\varepsilon)\right) \cdot \left(n_{gesamt}^{Beginn} + \sum_{l=1}^{n}\sum_{k=1}^{m} \nu_{k,l}\lambda_l\right) \cdot P\varphi_i P^+} \right)^{\nu_{i,j}} \qquad \text{A-4}$$

Die Gleichgewichtskonstanten $K_{f,j}$ werden für jede Reaktion einzeln mit Hilfe von Gleichung 3-4 berechnet. Das (n+1)-dimensionale Gleichungssystem aus Gleichung A-3 und m Gleichungen der Form A-4 wird anschließend mit den Reaktionslaufzahlen λ_j und dem Druck (beziehungsweise dem Phasenverhältnis ε, falls der Druck vorgegeben wird) als Variablen numerisch gelöst.

A.4 Einstellungen in der verwendeten Software

Tabelle A-17: Einstellung der Hyperchem Software

molekular mechanische Optimierung	
Algorithmus	Polak Ribiere
RMS gradient	0,1 kcal/(Å mol)
Konformersuche	
Force Field	Mm+
Acceptance Energy criterion	Maximum 5 kcal/mol above best
Consider structures to be duplicates	Energy within 1 kcal/mol; RMS error 1,5 Å
Optimization Termination	RMS Gradient 0,001 kcal/(Å mol)

Tabelle A-18: Einstellungen für die Turbomole Software

Quantenchemische Methode	RI-DFT
Basisset	TZVP
DFT-Funktional	BP
COSMO-Solvation-Radius	1,3 Å

A.5 Fließbilder der Prozesssimulationen

Schematische Darstellung der in Kapitel 0 beschriebenen Prozesssimulationen mit der Software *Aspen Plus V7.3*

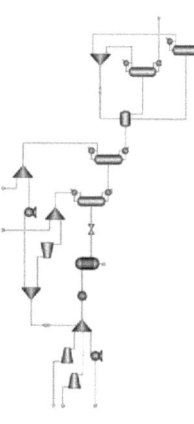

Abbildung A-1: ASPEN-Fließbild der Prozesssimulation zur Synthese von Methacrylsäuremethylester aus CO_2

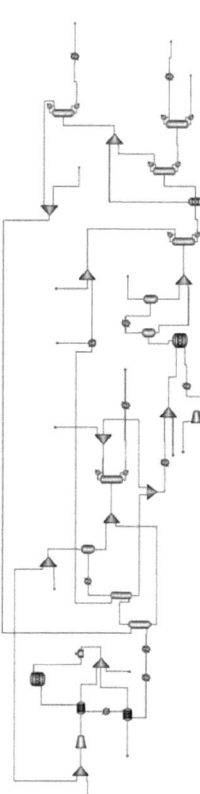

Abbildung A-2: ASPEN-Fließbild der Prozesssimulation zur Synthese von Methacrylsäuremethylester mit dem Benchmarkprozess

i want morebooks!

Buy your books fast and straightforward online - at one of world's fastest growing online book stores! Environmentally sound due to Print-on-Demand technologies.

Buy your books online at
www.get-morebooks.com

Kaufen Sie Ihre Bücher schnell und unkompliziert online – auf einer der am schnellsten wachsenden Buchhandelsplattformen weltweit! Dank Print-On-Demand umwelt- und ressourcenschonend produziert.

Bücher schneller online kaufen
www.morebooks.de

VDM Verlagsservicegesellschaft mbH
Heinrich-Böcking-Str. 6-8 Telefon: +49 681 3720 174 info@vdm-vsg.de
D - 66121 Saarbrücken Telefax: +49 681 3720 1749 www.vdm-vsg.de

Printed by Books on Demand GmbH, Norderstedt / Germany